GARTEN GESTALTUNG!

花园设计

理念、灵感与框架的结合

〔德国〕拉尔斯·魏格尔特 著

谭琳 译

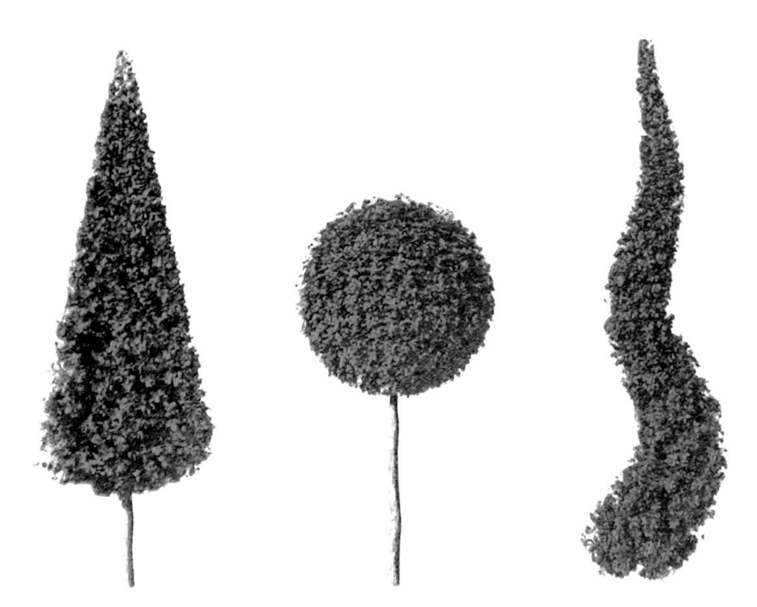

译林出版社

作者简介

拉尔斯·威格尔特，出生于德累斯顿，并于那里完成他在自然保护专业的大学学业，随之前往卡尔斯鲁尔，从事空间设计师的工作。其后，他于一家环保组织实习，并先后任职于Kosmo出版社，以及德累斯顿的一家房屋联合会。多年来，他一直作为自由职业者，为一家德语音乐杂志编辑部服务。自2011年4月起，他开始在“绿意”项目的名下，独立从事花园设计，以及园艺题材撰稿及编辑工作。他对文字编辑工作极为热衷，文笔流畅，不断提供思虑周详的园艺设计方案，并因此而参与完成了以“绿色园艺”为中心的多个相关项目。他着眼于整体风格，并将生态学的思考融入现代设计当中。独具一格，并且具有持续性，这是他在园林设计中最为关注的特征。他对园艺的热情，早在孩提时代自家的花园中，就已初露端倪。

前言

艺术作品，毕生事业，乍现的灵感

花园，无论是作为一种表达个人风格的载体，还是体现时代特征的缩影，它们的存在，都是独一无二的。它极为强烈地展示着独立的风采，通过个人设计方面独到的眼光，以及对情境的敏锐感觉，逐步成为人们心目中的梦幻之园。

许多大型的古典园林，在设计布局时，往往遵循一个标准：循规蹈矩地实现理想中的自然状态。即便如此，当代的花园设计，其实早已超越了这一点。事实上，花园一直处于变化之中，随着时间的流逝，事先设定的轮廓和要求都在不断成长，消失。这使花园变得与众不同。无论它的设计与布局是否出自专业人士之手，无论它是否经年日久，已经长成浪漫风情十足的绿洲，所有的花园仍具备一个共同特征：动态的自然变化。

多样性与独特性，这两个特点也同样彰显于本书中。或大或小的点子与思路，以及具体的实施方法充斥其间，丰富的图片与建设性的意见，可以供读者参考，激发灵感，进而实现您个人的想法。超越了具体风格，独具魅力的每一座花园，每一个花园空间，每一处细节方案，都将令人深思，并且沉醉其中。

作为全书的序曲，《花园风格》这一章向您展示了花园设计中独一无二的多样性，令人平添兴趣，希望了解得更多。接下来的章节，则以展示花园本身，尤其是造园的灵感和成功范例为主。空间分割、实用篇、流连忘返之地，以及植物设计，这些内容，可以作为您设计自己的绿色天地时，全面而丰富的灵感源泉，随着视角的变换，不断给您以新的惊喜。书中展示的关于空间定位的实例，只是作为案例，相对而言并不重要。我希望能从这些案例中，将设计理念的核心剥离出来，让读者们能够理解，并运用在自己的园艺实践中。正确的设计与理想的布局，或许只有一种。不过通往完美设计的路，以及设计的基本点，都是可以复制的。从基本效果来看，也大致类似。当然，作为整体的绿色花园，它的效果，要视具体地点而定。

希望这本书能令您兴奋，灵感不断。发挥您的创造力，并且给花园一点时间，让它成长，开放。这，便是您开启园艺之乐的一把钥匙。

目录

花园风格

多样性，令花园变得独具一格

一座花园是否美丽，并不取决于它的设计风格，而是由其中各类元素的整合，还有相当个人化的偏好来决定的。

花园的风格流派多种多样，无法一一列举。各种风格在历史的长流中成长，并通过新的理念与诠释，不断扩大。要想理解现代实用主义的设计的原则，您将不得不追本溯源，仔细研究一番历代园艺设计大师们的杰作。因为他们最初的目的，恰好是造就绿意盎然的休闲与生活质量，这一点，与二十一世纪的园艺理念不谋而合。形式语言自然有了很大的改变，但是从最重要的基本元素和设计原则来说，依然如故。

花园曾经是，现在也仍然是反映私人关系和社会关系的一面橱窗。除却这些重要的因素之外，我们还应该在这里，为自己建造一个小小的伊甸园。

花园风格

无论我们是将视线投向占地广阔的公园，或是越过某处不知名的篱笆，观赏私家花园的景致，都一定会很快发现：通往伊甸园的道路是如此多姿多彩，变化万端。究竟您是被浓郁的南欧风情深深吸引，还是会惊叹于古典风格园林的恢弘气势，或是迷恋后现代风格的花园布局呢，从您的选择就能看出，究竟是哪些元素，让您真正领略到了园林之美。

风格单一纯正的园林并不多见。不论是闻名遐迩的凡尔赛宫、千泉宫的花园设计，或是大型的英国式自然风致园林的布局，我们都能从中领会并解读出凸显主题造型的设计元素。即便是在中世纪的园林中，尤其是在那些修道院里，种植着草药、香草和蔬果的花园里，观赏者也常常灵光乍现，体会到园子原本的布局思路。时至今日，设计思路中不同元素的过渡通常已经相当流畅和自然了。布置园林时，对植物种类和所需材料的选择，一般来说总是折射出鲜明的地域特征，要选取恰当的植物与材料，就应当充分考虑花园所处的地理位置，以及它周遭的环境，这一点相当重要。尽管如此，最终真正赋予每一座园林与众不同的生命力的，仍然恰恰在于它们千差万别的形式语言，以及它们从一开始就拥有的，对园林艺术不同的诠释方式。

六种独立的园林风格，各自的布局原则都有其鲜明、显著的本质特点。通过对这些原则的灵活运用，您会在充满个人风格的实践当中，找到丰富多彩的选择与组合，成功地构建出格外迷人的花园。传统的古典风格园林，特点在于庄严富丽的基调，以及运用单个景观元素，精巧有序的布局。在此，人们也会相应选择高大而充满气势的植物。植株较大的绣球花、玫瑰、杜鹃，色彩艳丽的花坛，再加上形态端正、匀称的单株灌木或者树木，都是进行传统风格的园林布局时不可替代的经典选择。这样一幅出色的园林艺术画卷，描绘着满足一切需求的理想园林世界，添加装饰性的细节，以及引入充满异国风情的热带植物，则是这幅美妙图画上的点睛之笔。

乍一入眼，简约而充满现代感的花园设计，似乎恰恰与传统的风格相对立。最大程度地削减设计元素，令人一览无余的空间，以及运用园艺设计中并不常见的材料，来代替那些以往常用的材料，现代风味的园艺设计正是通过这些手法，以其简约的方式来吸引人们好奇的眼球，博得惊异的目光，恰如古典园林设计时以园林规模和气势取胜。在现代风格的园林设计中，我们也会糅合不少传统经典的基本元素，从园艺的视角重现当前的社会与时代感，或是有意识地从当前的现实中抽离出来，针对全球一体化的世界，营造一个自我的、完整的园艺天地。在这一过程中，对光线、水面等元素的熟练运用，以及多种多样的材料和植物种类的选择，都起到了举足轻重的作用。

自古以来，园林就与建筑、自然和风物景致遥相呼应。正因如此，建筑、自然与风景对园林的外观及风貌有着直接的影响。在融入传统元素的现代园林中，人们不仅仅能解读出古典的形式语言，更重要的，是能够感受到设计中对于时尚元素的一种开放的心态。在这样的花园里，草本植物完全可以压倒亚灌木，蓬勃生长，造型规整的水池边则点缀着修建整齐的常绿苗木，以及密密丛丛盛放的英国玫瑰。

正因为人们渴望退回私人空间，渴望享受被花木环抱的感觉，才使得花园成了所有人理想中绿荫及地的世外桃源。自由灵动的玩耍之心，如梦，似幻，贴近生命，造就了富于浪漫色彩的花园。近些年来，私人花园作为远离尘嚣、尽情展示自我的个人空间，经历了它蓬蓬勃勃的复兴时期，无论是布局精妙的绚烂花海，还是郁郁葱葱、拥挤纷杂的绿色天地，抑或是质朴纯正、浑然天成的蔬果园地，都一样美妙。浪漫风格就如同园艺一样，多姿多彩，各不相同。然而最重要的，是那种安全而温暖的感受，风格可爱迷人，不会让人感觉冷冰冰的，难以亲近，造型纯净而自然，不必事事循规蹈矩。

最后我们要谈到的是地方特色和地域特点，它们同样会影响园林的造型和风格。单从文化历史的角度来观察，德国北方地区的园林风貌就与南德完全不同。德国各地的园林具有鲜明的地方特色，一望即知，同时又将多种不同的风格元素糅合在一起。因此，在此处罗列的种种园林风格当中，德国园林的风格占据了一个较为特殊的地位。或许，您已经找到了您自己的风格，也有可能，您刚好直截了当地被一个想法打动，而并不介意它应该归到哪路流派，何种风格，就此跃跃欲试。花园真使人兴奋，令人痴迷，让人感受到无限的趣味——有时也会迷惑，纠结。这世上的每一座花园，都是如此地独具一格，无从比较。

高水平的修剪造型

在上图的花园中，苗木的造型修剪艺术与理想的空间层次分布完美地结合在一起。观赏者的视线被画面中心的凉亭牢牢吸引，蔓生的铁线莲攀缘而上，茂密的枝叶、白色的花朵缠绕其中。一条笔直的方砖小径通往凉亭，砖石的缝隙间碧痕缕缕，另有一对盆景绿意盎然，修剪得齐齐整整，在亭前相伴。修剪成圆弧状造型的欧洲红豆杉分布在独株苗木与地面的低矮植物之间，营造出一种和谐的气氛，效果十分出色。零星分布的玫瑰花丛又给作为花园主题的常绿植物添加了几丝花朵的氛围和情调。为了营造一幅结构完整而平衡的图画，水平方向上的层次感和过渡不可或缺。通过对植物的定期修剪，以及春秋两季分别营造的不同重点，整个花园由绿色植物构成的轮廓清晰、造型优美，水准相当高。在此，尤为重要的是保持一个总体的空间概念，加上对细节部分的强调和烘托。通过和谐的造型方式，以及均衡地引入各种修建造型的手法与元素，设计师为我们描绘了一幅静谧而纯粹、纤尘不染的画卷，在园艺方面和园林的设计布局方面，都完成得极为出色。观赏者的视线与道路的布置，都被有意识地引向园中最为主要的景观，这正是许多古典风格的园林中一个显著的特点。

层次丰富的圆弧形修剪

场地拥挤，空间狭小，这些都远远不会成为您拥有梦幻花园的障碍。让我们暂且忘掉那种平日里习以为常的空间次序吧：花卉与园艺区总是靠近房屋，而草坪的占地面积则大得不成比例。事实上，在狭窄而有限的自由空间里，我们也完全能够实现自己的园艺梦想。通过引入圆弧状的线条，可以使过渡区域变得协调而自然。生长旺盛、生机勃勃的草坪如同一块名贵的绿色地毯，将错落有致的园艺造型有机地融入一幅和谐的图画。园中常绿的木本植物高低不同，姿态各异。另有两株单独栽种的树木，恰到好处地吸引着人们的眼球，成为园中所有景物的清晰的基准点。树下种植着美丽的低矮植物，其中最主要的是喜阴的圆叶玉簪，再次衬托树木主体，形成了一道诱人的风景。品种各异的葱属植物（波斯葱和有“紫色惊艳”之称的紫花细茎葱），为偏于传统的植物选择平添了一抹时尚风味。单株的盆栽植物，这里选用的是粗齿绣球，迷人地围绕在长椅两侧，并同时强调了季节因素。

小建议

雕塑需要牢固的支撑

不论是安置在底座上，还是光滑的表面上，您都要采取一定措施，保护好您的艺术品，避免它四处滑动，倾侧翻倒，或是被人盗走。地基的规模应该视艺术品本身的大小而定，不过地面以下的部分（矿物混合物和水泥）大致不能低于雕塑大小的三分之一。您最好使用螺纹杆或者建筑黏合剂将雕塑固定在地下的底座上。

庄重高贵的画框

艺术品在古典式的园林设计中，一直起到了彰显风格的作用，地位十分显著。一方面，它能贴合环境与身份，另一方面则更为重要，它将赋予所处的园林一种独一无二的气场。在左图中，对四周苗木细致的修剪，匠心独运，创造出一幕令人惊叹的场景。看上去，古典式的半身塑像仿佛是艺术家一件未完成的作品，不知如何，通过一扇门悄然降临园中。通过园林设计上的一个小花招，设计者将整个花园分区，并有效地取得了放大的视觉效果。作为额外的点缀，花圃中盛开的白色玫瑰与雕像高贵的面容遥相呼应。在这里，少即是多。如果您想为自己的花园添上一抹效果十足的亮色，又不希望太难打理的话，请尝试一下修剪得姿态各异的欧洲红豆杉，树下环绕夏雪草或是绵毛水苏。除了广为人知的深绿色树种之外，欧洲红豆杉还有黄色的变种（被称为“金叶”）。不过请注意，紫杉这一植物几乎所有的部分都有毒性。

古典式的灿烂焰火

这个花园里的一切，多姿多彩，蓬蓬勃勃地生长，终如漫天焰火一般绚烂缤纷。这样的园林美景需要园艺师持续不断的精心打理和照拂，并且严格地遵循一定的园艺法则。园中，枝干挺立的高茎月季，一蓬蓬向外伸展着的半灌木植物，其中主要是紫花猫薄荷与开着蓝色花朵的翠雀属植物，以及造型各异的木本植物锦熟黄杨争奇斗艳，出神入化的园艺技巧之中，融入了几丝“野性”的风情。在这里，鲜明的轮廓，分明的主题，清晰可辨的空间层次，都让人感受到了有条不紊、严格有序的设计思路。秋日来临，鸡爪槭被染成深深浅浅的橙黄和艳红，给花园轻轻涂抹上一层独具一格的东方色调。通过巧妙地设定边界，深思熟虑地布置高低错落的植物，以及那些数量虽然不多，但是效果十足的点睛之笔，设计者构建了十分优雅的园林空间，完全符合古典主义园艺大师的原则。通常为了尽可能地降低养护成本，原则上您应该遵循由外至内、从大到小的工作流程。请您从界定花园的大致轮廓入手，接下来尽量突出个性化的主题风格，最后再进行相应的区域种植，从而取得最为经济并且理想的效果。

小建议

笔直的草坪边界线，究竟如何操作？

直接用铁锹从两侧着手，斜着在草地上铲一道十厘米宽的小沟，用这种方法铲断草根和草坪边界其他植物的根系。铲出沟里泥土的同时，您也就清除了有可能存活的植物。为了避免草坪边有一道沟，您可以取一些养分含量少的泥土，回填进去。

林间漫步！

这条梦幻般的林荫路，夹道伴着树冠小巧的椴树和修剪成半球状的黄杨木，用它那笔直的线条感与树下道旁的柔和美丽深深地吸引着人们。各种喜阴的灌木，包括毛地黄和开粉红花朵的拳参，顺着小路延伸的方向抹上一笔又一笔轻松的色调。道路边缘的清晰边界使得这绿意盎然的小径拥有了一种奢华的风范。在这里需要注意的是，要保证独立生长的树木总是有足够的空间，以便加强效果；另外还要按生长高度的不同，将道路边缘的植物划分出层次，从而保持大气和开阔的感觉。

花园的新功能：舒适起居

作为室内与室外的过渡地带，露台的设计变得尤为重要：原因在于，露台将砖石结构的建筑艺术与绿色园林的设计理念调和在一起，常常成为地处室外的起居之所。在上图的露台设计中，室内和室外的调和水乳交融，既不乏实用性，同时又显得庄重大方，富丽堂皇。感觉上，起居室的空间向外延伸开放，整幢房屋都沐浴在柔和的灯光中。露台上分两层布置着各式家具，充分展现了它的起居功能。通过阶梯起伏、错落有致的露台和休闲区域的空间布置，有效地解决了场地狭小、面积有限的难题。另外，终年常绿的树木与按季节栽培的盆栽植物，也恰到好处地反衬着构图严谨、使用砖石材料来表现的整体设计，形成了强烈的对照。一部分锦熟黄杨修剪成整齐可观的圆球状，另一部分则栽种成低矮的绿篱带，十分适合作为此处的常绿植物，并且易于打理。要注意的是，您应该选择夏日将尽，天气多云或阴天的时机来进行修剪工作。此处的光线与水面交相辉映，营造出一种迷人的氛围。另外还有一个选择也值得您考虑：使用太阳能灯具，可以节约用电，并省下电路安装方面的成本。

方形集合

方方正正、棱角分明的造型正是上图这个设计思路的最高原则，四四方方的线条与传统的园艺作物相辅相成，成为富有现代感的园艺设计中一个极为突出的特色。花岗岩地砖铺就的露台梯级错落，一部分凸出，伸向不锈钢镶边的水池上方。水光中的倒影再次强化了这种轻巧灵动的感觉。使用传统园林设计中并不常见的材料，从而制造一种出人意料的效果，这也是塑造现代园林风格的手法之一。在这里，大理石材料的地砖与池中之水搭配协调，尤为动人。而在布局之时，几处植物的具体位置明显经过了再三推敲和精心的选择：两株造型优美的球状锦熟黄杨，一片几乎漫上水池边缘的睡莲，以及叶片形态有趣的大藻（又名大蕊萍或水芙蓉），牢牢地吸引住了观赏者的视线。与此同时，方形的布局原则在整个设计中得到了延续。您可以在背景的直角形长凳设计中再次发现显而易见的方形元素。另外，种植水生植物的地点一定要保证阳光充足，只有这样，才能确保水生植物生长茂盛，并完成清洁水质、增加水中氧气含量的功能。

小建议

更多水之乐趣

以下植物尤其喜爱潮湿泥泞的环境：

- 沼泽勿忘草
- 鸢尾花
- 驴蹄草

以下植物适于在水滨生长

- 红花蚊子草
- 千屈菜

生机盎然的水滨

为了使由水面至岸边环境的过渡尽量自然，您可以设计大面积的水滨区域，种植大量适应潮湿环境的野生灌木和草本植物，效果尤佳。上图的设计中，一道窄窄的木板搭起了通向水滨茂密草丛的小径，它的价值不仅仅在于视觉上的美学效果，同时还兼具生态意义上的功能。它为许多小动物和鸟类提供了藏身之所，以及孵卵育儿的栖息之地。在这生机盎然的画卷中，开放着艳红花朵的抱茎蓼和茂密葱郁的中国芒草最为夺人眼球。

木制露台：尽在不言中

上图的露台设计中，木质地板如同巨轮上的甲板，大方气派，浅浅的水池座落在露台前方，池中睡莲静悄悄地生长蔓延，逐渐占据了水面，只不过水池规规矩矩的造型严格控制着睡莲的长势。设计者有意识地将水池和露台分割开来，使这里的空间关系变得十分明朗。摆放家具的区域是室外起居的地点，而下方的水池区则提供了户外生活的乐趣享受。整个设计风格鲜明、简洁，四周环绕着造型活泼多样的欧洲红豆杉。各种盆栽植物和花卉与露台环境最为相宜，一方面有效地给阳光灿烂的露台划分出不同视觉区域，另一方面也给园中的景致平添了几分花儿的绚烂和芬芳。在这里您最好选用大号花盆，确保给盆栽植物提供足够的富含养料的泥土。并且尽量避免将盆栽放置在风口处。另有一种植物能与睡莲形成有趣的反差：金鱼藻。这种沉水草本植物自由悬浮在水中，没有根系，是很多水域十分重要的氧气制造者，它与其他水藻争夺养料，因此也有助于净化水质。要想让木制的露台地板经年日久仍能保持美丽的外观，除了正确的保养和维护以外——最好还使用亚麻籽清油进行涂刷，对木料种类的选择也十分关键。或许会让您感到出乎意料的是：有很多本地树种的木料心材，其实都非常适合用在室外的地板上，比如说落叶松、橡树，还有洋槐！

拾级而下，静水流深

在观赏者的眼中，流动的水总是有着独特的魅力。人们的思绪会完完全全沉浸在流水之中，随波荡漾。很难抗拒时而灵动、时而沉静的水的魔力。不过，流水的水道必须经过事先周密的设计。水究竟应该从何处引来，流经怎样的水路，最后又如何流回源头？在这个设计过程中，外观的效果并非我们考虑问题的重点，因为首先考虑到技术上实现的可能性，就已经给了我们的设计思路一个大致的范围。单单从经济的角度思考，一般我们会优先考虑，建造一个封闭的内部循环系统。花园地形的高低起伏，高度差越大，要求相应的水泵抽水功率就要越大。由此可知，这里策划的真正任务是进行一些微调，是令人愉快的视觉艺术部分的工作。在上图这一让人兴奋的设计案例中，水流渐次拾级而下，最终在一堵爬满了五叶地锦（即爬山虎）青青藤蔓的砖墙之前渗入地底。人们可以身心松弛地靠在一旁的躺椅上，观察水流消失的神奇过程。水池两侧成行种植着西伯利亚鸢尾花，蓝色花朵与流水的色泽次第呼应。通过这种重复和呼应主题的手法，以及对单个设计元素的周密安排，您也可以在自己的花园里制造这样的效果，令人击节叹赏。

沼泽风情，大行其道

绿意盈盈，充满生机，风味粗犷而又天然，这一片充满了野趣的绿洲不可能在一天之内长成。除了满足一些合适的条件和最重要的前提之外，给植物足够的时间，让它们自由生长，才有机会形成这样一片宁静的世外桃源。一派天然的池塘边，蓬蓬勃勃的植物四处蔓延，乍一看，几乎要逼得供人闲坐的几把靠椅没了退路。不过，这座园子的魔力恰好在于斩钉截铁的分界。座位都设置在高处，人们可以在那里悠闲轻松、无惊无险地观赏这一出湿淋淋的自然之戏。像这样的水池，已经衍生成了一片沼泽，几乎无需额外的维护，因为无数的沼生植物和水生植物能够持续不断地制造新鲜氧气，并且与藻类争夺养分。不过您还是必须一直注意，将水中营养物质的含量尽量控制在较低的水平，以免人为地危害水质。其实，除了众人皆知的睡莲，还有另外一些水生植物也非常美丽，图中前景处的梭鱼草，叶片呈心形，开着漂亮的蓝色花朵。还有一种名为金棒芋的水生植物，覆盖在水面上，会给池塘带来一种有趣的优雅情调，可以作为替代睡莲的合适选择。

落落大方的现代感

在上图的花园中，作为房屋的一种结构性延伸，设计者在屋前布置了一个长方形的泳池，让人有机会一个猛子扎进水里。正是通过这样的设计，将观者的视线从房屋直接引向绿色的草地。视线的终点，有可能是前景处布置得十分完美的长条桌案。从这一设计中所有笔直的线条可以明显看出，尽可能让这片花园物尽其用，充满生机，恰恰是设计师的主导思路。正因为这座房屋的周围已经有了大片的自然风光，进行园林布局时，设计者才选择放弃了那种完全不事雕琢的天然风格。从很多地方可以看到，自由活动的空间被有意识地与周围的环境分割开来，在这个空间里，我们能够感受到的是极为风格化的通过园艺师的手重新塑造过的自然。在花园的边界地带，设计者小心翼翼地让天然生长的树木进入了我们的视野。通过这样一种高明的手法，将他精心设计的花园与自然环境中生长的树林和谐地连接在一起，浑然天成。像这种严谨规则的园艺设计，同时也必须加入一定的自然风格，这样才能令每一个设计元素都发挥最好的效果。为了使起居空间和自由活动空间互相搭配的感觉更为协调，也为了让过渡区域的效果更好，设计者在这里有意识地避免宽阔的草坪受到其他元素的干扰，保留了草坪空间落落大方的整体感。

小建议

太阳能的优势

我们需要能源，图上的球型灯才会放出光芒。最佳解决方案无疑是太阳能灯具，尤其是那些在球形灯体中已经内置了太阳能收集器的灯具。这样一来，我们至少能够节省连接灯具的电线电路。不过非常重要的一点是：整日阳光直射，不被遮挡。

美景常在

谁会不喜欢在这样一个情调十足的地方逗留？大大小小的河底卵石，大块的冰川漂砾，还有许多灯球——作为人工的元素——把露台的边缘圈起，使露台和室外空间的过渡带显得更为轻松活泼。空旷的草坪在此处必不可少，草坪的作用是协调园中几个不同的区域。就像这个花园的设计一样，您也可以在卵石区中种植单株的观赏性草本植物，增添一点动感，令气氛更加迷人。中国芒草和针茅（锥子草）是两种耐冬草本植物，它们花序的形态变化十分繁复美丽。

原生态的田园风情

这样一个鲜花怒放、五彩缤纷的乡村花园，使用的材料和方法都十分简单：只是用一道板条扎成的木篱笆，一条碎石子铺就的花间小路，还有一丛丛郁郁葱葱、生机勃发的花卉草木，就唤起了人们心中对田园生活的无限神往。园中种植大量的药草香草，花事繁茂，肆意生长，夏季花卉和灌木都给人的感官极大享受。毫无疑问，在这里不仅能嗅到花儿的芬芳，听到蜜蜂的轻唱，还能给人劳作的空间与收获的机缘。在乡村花园里种植蔬果与其他作物的传统由来已久，此处园中种植的波斯菊恰好印证了这一点。盛放的堆心菊给整个花园带来明亮的感觉。蔓生的月季花枝缠绕，攀缘在一个金属制的园艺花架上，花架很好地控制着月季花的长势，给花园增添了一点优雅、花心思的氛围。对于一个野趣盎然的乡村风情花园来说，用攀爬着月季的拱门来装饰园子的入口，显得格外引人注目。请您选择适当的、生长较为缓慢的爬藤月季品种，它们会成为您园中开满鲜花的名片。即便到了冬季，还会额外结出美丽的月季果来装点您的花园。在此，您既可以深深地沉醉于乡村的浪漫风情，也可能会跟随园艺师的设计思路，迫不及待地采取行动。正确选择布置花园的材料，才能确保最后实现您理想中的感觉和氛围。

偷得浮生半日闲

坐在树荫下，欣赏自己花园中争奇斗艳、充满生机的景色，这才是园艺给人带来的纯粹享受。这是幸福的时刻，它给生活注入快乐，让人暂且忘掉如此这般的压力与烦恼。图中的桌椅造型优美，绿树掩映下的座位面朝池塘和住屋的方向，园中的小池塘完全设计成天然野趣的风格，屋子也离得并不太远，背后的花木如同屏障，使这两个座位既舒适，又有一点私密的趣味。绿色的树冠亭亭如盖，半掩着方砖铺就的一小块地面，中间一棵树支撑着这个小小的功能区，在整个花园中形成视觉上的焦点。周围密密种植着各种花木，给这一小块区域设定了一个内容自由的主题框架，既强调了特色，又制造了一种安全、私密的气氛。再加上常见的鳞毛蕨，攀附着爬藤月季的树干，西伯利亚鸢尾花以及拳参，一同营造出迷人的效果。沿用这种设计思路时，您一定要注意选择耐阴的植物品种，才能在大树周边区域很好地成活。设计近处的花园池塘，也要考虑到池塘较大的需水量。

姹紫嫣红入眼来

色彩鲜明耀眼的花朵，色泽饱满深浓的绿叶——这里的一切都仿佛源于兴之所至，自然而然地抽枝，发芽，生长，开放。在这个原生态的花园里，并不需要，或是不再需要什么人用园艺手段来设计、打理。不过事实上，图中作为前景的锦熟黄杨造型整齐，郁金香不同的品种交错组合，互相呼应，矮枝月季整体生长，都已经充分证明，这里的一切仍然是园艺师们匠心独运的结果。要想让郁金香在早春依时开放，您最好在头年秋天就将鳞茎埋入泥土中，种植深度不超过 15 厘米。如果是积湿的土壤，建议您设计一条细沙或细粒碎石子的排水沟。在上图的花园中，一株开满了白色花朵的樱花古树下，还有一条窄窄的小径，供人穿过花木深深的庭院。树下是一片繁密的花海，姹紫嫣红，千姿百态，引人心动。您最好尝试在这样的花海中栽种几处开放时艳冠群芳、一枝独秀的花卉。比如毛蕊花和蛇鞭菊之类的花朵就拥有这样的魅力。

小建议

夏日阳光房

您可以仔细斟酌，建造一间顶部有遮盖的、独立的夏日阳光房，用来取代传统的冬日阳光暖房。这样一间阳光房应该满足空气流通、采光明亮、宜于起居的要求。它的优点在于：风雨无碍，适于培育一些对环境要求较高的植物，作为一个真正的绿色起居室，它无需您不断地拆除，再重新布置。

玻璃屋：通往花园之门

这不是暖房，也并非艺术世界。这里只不过是设计师有意地延伸了起居室的空间，以便将田园风致的花园风景尽收眼底。铺设露台的地砖逐渐过渡到门外的小径，将室内与室外空间有效地结合在一起。玻璃屋前摆放的两株盆栽植物将屋内的装饰风格传递到室外，而桌上摆放的鲜花又将花园的风光带回了屋里。头顶上方悬挂一圈植物的设计使玻璃房充满生机，同时也用绿色设定了一个适当的高度界限，给人感觉玻璃屋更加宜于起居。为了达到这种开放而谐调的效果，诀窍在于：全部落地窗的整体设计，以及流畅柔和的过渡。

环形长椅

在许多时候，要想体味到一点园艺的快乐，其实所费无几。一棵枝干虬劲的老树，一片舒展延伸的草坪，以及能给人许多想象和发挥空间的园艺植物——还有，为了尽情地享受这种快乐，在那棵吸引目光的大树下安置一圈环形座椅。当阳光洒落，周遭气氛一片宁静安详的时候，这个原生态的花园将开始展现它独有的魅力：一种纯朴而真诚的北欧风情。树下的长椅底下种植的部分植物效果极美。这里其实没有必要栽种花朵繁复的装饰性灌木，一般说来，这类植物在阳光不充足的地方生长存活较为困难。在这种特殊的地段，反倒是露天栽培的低矮蕨类植物能收到相当好的效果。加上蕨类终年常绿的特征，以及几乎无需照料维护的优势，这些都是很好的理由，让我们选择这一类枝叶细小的喜阴植物。另外，蕨类植物的叶片形状多样，各异其趣，一定能收获许多惊喜的目光，比如说叶片呈波浪状的对开蕨和掌叶铁线蕨就绝不会让您失望。想要效果更为强烈的话，只要有引人注目的粗壮大树，您就可以随处放置些环形长椅。最大的好处在于：炎炎夏日时，坐在树下，总会有如伞的绿荫相伴。

自然的生机

造型和谐，重点突出，一派天然气象。这个弥漫着自然生机，风景如画的乡村花园，静静地散发出一股原始的浪漫气息与纯粹美感。那种柔和宁静的感觉，让人对充满田园风情的天然和谐更为思慕和渴望。一棵高大的白柳下，雨伞草长成了一丛灌木，高大茂密，刚好十分适合种在水边或潮湿的洼地处，营造出蓬蓬勃勃、恣意生长的效果。如果您的花园占地面积与公园相仿，并且园中自然生长的植物已经有了大体框架，那您不妨在园艺设计上多花些功夫。与其种植一些品种不同的小型植物，不如选择那些喜阴（可以栽种在树冠下）的、体积较大的单株植物。布局的时候，请您遵循由大到小的原则，并且一定要注意，所有植物的布置，不仅要考虑它自身的效果，也要考虑与其他植物搭配的观感——就像一个舞台，一定要考虑整体感觉。山茱萸属的植物种类超过四十种，与水边环境十分相称，是非常好的选择。要想在自己的园子呈现出一种天然去雕饰的设计风格，您应该走进大自然，让自然情境和风光带给您模仿的灵感，因为只有大自然，才会一直保留着原汁原味。

小建议

闲坐之雅趣

在花园中布置多处风格不同的桌椅座位，是设计上的一大亮点。这样，您就可以随意选择坐在阳光下，或是阴凉的地方。另外，在节庆或者大型园会的时候，座椅充足多样的优势就能充分体现出来，设置足够的座椅家具，客人们才能在花园中的各处随意来去，随处可栖。自由空间得到了最大限度的利用，同时客人无需过分集中，也对草坪不无益处。为了达到最吸引人的整体效果，您应该在设计布置时，充分考虑每一个座椅区的独特风格和特点，比如说固定式、开放式、抬高式、内框式等不同的设计。

五彩缤纷的园艺大看台

图中，前面的桌上摆放着一束鲜花，插在瓶中的鲜花正是这整个花园的小小缩影，它告诉我们，究竟是什么令这个花园变得如此美丽而珍贵：是色彩缤纷、姿态各异的花朵，还有对细节的执着与热爱。整个种植区的坡度缓缓向上，一直延伸到这块土地边缘，如同一个精心策划的大舞台，台上各种花草灌木齐齐登场，竞相争妍。观赏这一幕色彩斑斓的舞台剧，最佳的看台就是园中设置的两组座位，还有侧面的那座园艺小屋，更是颇具情调的包厢位置。前面的一组桌椅恰好倚靠在一棵树旁，这并非偶然，而是刻意为之：树木一方面带来阴凉，另一方面也能提供视觉上的支撑点。植物的选择是以生长繁茂的各类耐阴灌木为主，中间点缀一些使人眼前一亮的出彩品种。在这种情况下，选择波斯葱会带来特别棒的效果。一些装饰性的配件和点缀（人工鸟巢、球状玻璃灯等），都让这幅极具舞台感的画面变得更为完整和丰富。在这里，乐池与帷幕之后的一切都被巧妙地遮掩起来。不过，要是种植区的面积较大的话，您还是必须充分考虑，在种植区中设置一些交错的小径与通道，以便进行园艺养护工作。

洁白碧绿的园艺之梦

由锦熟黄杨栽种成的树篱高可及膝，修剪得工工整整，绿篱中间围着大棵优雅美丽的白色高茎月季，月季下部的主干部分被各色花草完美地环绕着，显得天衣无缝。您应该在冬季月份将月季花的树冠部分用麻袋包裹，以免霜冻有机可乘。利用树篱可以将花园的空间分区，使不同的种植区域产生各自独立、富于变化的园艺效果。在这个花园里，设计师在树篱分割的空间中栽种了多种喜阴的赏叶灌木，以及不同种类的草本植物，色泽鲜艳，花香浓郁。

小建议

怎样处理枯萎的植物？

如果确定是由于类似粉霉病，或者害虫的原因导致植物枯萎，请将枯萎的部分剪除并及时处理掉。否则的话，可以将剪下的部分混入堆肥。请您一定要使用锋利的花园专用剪，将枯萎的部分完全剪除，只留下仍存活的枝叶。修剪时，切口稍向外倾侧，能够刺激新枝叶萌发。

完美和谐的装饰性风格

上图中的花园空间，由互相盘绕、交织在一处的装饰性元素来进行点缀，看到这种完全对称的造型方式，会让我们马上想起传统的结式园林。这种古典风格的设计，要求十分精确的布局计划和严格的操作——以及最为重要的，始终如一的不断保养和维护。由于锦熟黄杨这一常见树种能够耐受反复多次、高频率大尺度的修剪，因而特别适合此类活泼多样的造型。利用合适的优质修剪工具，我们几乎能把这种树木修剪成任意造型，并令它按照相应的方式生长。在花园底部，修剪得线条分明的树篱前，两侧各排列着四棵高大的悬铃木，加强了整个园艺布局的纵深感，使设计风格表现得更为强烈。请您注意，斑驳的浅色树皮与背后树篱雅致的深绿色形成了强烈反差！地面上，铺设小地砖与大方砖的区域有意留出较宽的间隙，另一区域则大面积填上了石子层（鹅卵石与碎石子），整体形成了由坚硬、光滑向柔和、松散地面的过渡。这样的设计中，您最好能尽量使用颜色较浅的石材或石子，这样一来，可以中和在潮湿的情况下，石质颜色过深的效果，同时也能从色彩上，与绿色植物形成更为强烈的对照。

无懈可击的美丽

如同穿在绳上的一串珍珠，六棵树冠圆圆的刺槐骄傲地站立在茂密的灌木花圃前，利用它们直线排列的队形，还有温暖阳光照耀下的球状树冠，展现着自己的魅力。细密的叶片形状，使得树叶在阳光中闪烁得更加耀眼。每年五月将尽时，洋槐树一串串硕大的葡萄状白色花朵拉开夏天的序幕。洋槐花甜香馥郁，沁人心脾，也是很好的蜜源。在上图的花园设计中，精确严密、一丝不苟的现代风格与随性生长的自然情味发生碰撞，在人们面前呈现出一种十分刺激的戏剧化效果，并且通过利用自然光线，使园中花卉和造型设计的多样与丰富性更加突出。每棵树的树根周围耙松的土，围成一个圆圈，在上图中，这些圆圈非常小，视觉上很有趣味性，但是也有一定的隐患随之而来。您必须随时注意，不可无故挤压树根周围的区域，要保护下部树干不受损伤（留心割草机！）。洗净的鹅卵石或者颗粒细小的碎石子都可以用来美化树根旁的这一小圈泥土。浅色或彩色的石头效果十分突出，与周围的草地也能形成鲜明对照。为了进一步加强效果，您还可以再围上一圈平滑的钢条。

香远溢清的露台

药草、香草等草本园艺植物，既具实用价值，又富于很高的观赏性，因此早已成为开放式花园的设计中不可或缺的一种基本选择。药草和香草不仅富含各种芳香物质及其他有效物质，开花的景象也相当可观。光是虾夷葱美丽的粉红色花序，就值得让我们在布置灌木时，将这样的草本植物结合进来。种植药草和香草，除了需要充足的阳光和渗透性良好的土壤之外，能选择一块较为温暖、得到充分保护的地方，则最为理想，更有利于植物生长发育，形成珍贵的有效成分。正因如此，在种植药草的地段与相邻区域之间设定清晰的边界，或是总体来说，将它布置得更为醒目，都很有必要。您也可以让药草和香草一类植物依傍着周围植株较大的植物，或是从整体效果着眼，装上围栏或围饰。上图的花园田园风味十足，低矮的篱笆不仅有防风作用，能够较好地保护植物根系，同时也极具装饰效果。一个个树篱围成的小方格呈棋盘状排列，在我们的眼前展现了这样一幅鲜明的图画：画面中，一树怒放的高茎月季从深浓绿意中探出身来。香草类的植物，比如冬季香薄荷，花期较迟，就像图中出现的这样，它恰好是紫花猫薄荷的良伴，将二者同植，装饰效果尤其突出。

令人心旷神怡的对称

靠在椅背上，身心舒畅，浮想联翩——这就是生活。在这里，控制整个节奏的正是平衡感，整体感和个人的分寸感。设计者在选择设计元素时，考虑到了丰富的细节，对整体风格的把握也十分到位。放置长椅坐具的露台，采用了比面前整个花园空间抬高一级的设计，分界明朗，并运用恰到好处的装饰品和色彩呼应的盆栽植物来做进一步的点缀。鬼罂粟艳红的花朵，还有粗壮的爬藤月季那洁白的花裳从一片新绿中脱颖而出，打破了排列对称的视觉藩篱。成功的设计！原因恰好在于，使用少量但是效果强烈的设计元素，总体来说给人的印象更为深刻，反之，过多的视觉刺激，容易造成审美疲劳。由于罂粟在花期过后会收缩枯萎，您最好将它种植在花坛的后部，或是中间，以便一直保持花坛植物完整的观赏性。除此之外，您还必须为这种丛生植物预留一块温暖向阳的地方，并且注意，保证它能获取充足的养分。在布局时，尤其是大面积园林整体布局的时候，运用对称的基本手法，可以把所需设计元素的数量控制得更加一目了然。当然，最重要的前提在于：您必须事先设定对称轴。

绿色栖息地

绿篱掩映，草木环绕，这一组舒适的花园桌椅是专为您准备好，供您享受美好的户外时光。阳光跳跃，清风拂面，植物充满动感，石板与方砖组合的地面富于变化，刚好承载着这份灵动的感觉，并将其传遍园中。在这块阳光充足的地面上，种植着生长繁茂的薰衣草和银叶百里香灌木，效果显得更加充实饱满，而且避风良好。除此之外，灌木丛更与修剪得平平整整的高大树篱形成鲜明的视觉对照，树篱如同一道道无法穿透的绿墙，将不断往深处延伸的花园分割成了一个个风格各异的空间。再利用花园家具和不同的植物，营造出这样一个层次分明的园景。园中两棵美国木豆树、一棵刺槐球形的树冠都给人活泼灵动的造型感，显得十分别具特色。要是您也愿意种上几棵花事繁茂、富于观赏趣味并且粗壮结实的树木，可以选择美国梓木，即便您的园子占地并不如何宽阔。矮生的梓树品种树冠呈球状，而另一个变种金叶梓树则拥有鲜亮的黄色叶片——夏日里就能给您带来一缕美丽的秋意！

小建议

正确的盆栽方法在于不断观察，及时换盆

盆栽植物是一片移动的绿色风景，它能带来许多园艺乐趣，并且让您的花园布局更为完善。不过，莳养盆栽也是非常繁琐的工作！除修剪之外，最为重要的就是及时浇水和施肥。正因为植物在生长的过程中持续需要足够的养分和生长空间，盆栽植物的花盆一定要足够大。一旦花盆中泥土或培养土的肥力耗尽，植物生长空间不够，或是生长条件发生了变化（比方说季节、地点的改变），一定要及时地换盆。

精细的空间分割

尽管延伸的石质地面会给人冷硬坚实的感觉，这一片移动的绿色风景还是成功地制造出一种极为舒适的气氛。目光所及之处，造型各异、争奇斗艳的盆栽花卉和盆景植物不断给人以惊喜。为了避免大面积的石材地砖造成一种压抑感，您应该将地面合理地分割成若干区域。在左图中，设计师运用与整个房屋墙体建筑风格搭配的红砖材料，将园中玄武岩材料铺就的方砖地面进行了有效分割，两种材料参差对照，分隔出的区间一目了然。通过植物盆景的摆放，您可以根据整体效果，对这样的区域进行再次分隔，突出重点。将植物分组放置，并选择一个特定的背景，是操作时比较好的方法。这样，您可以很好地修饰园子的角落，突出某个区域的特征，或是巧妙地遮掩一些不够美观的地方。画面前景处，一株高大可观的白花木曼陀罗迷人地展示着它那白色号角一般的花朵。曼陀罗还有其他品种，开花时分别为黄色、红色和粉色。尽管这种花相当美丽，引人注目，但是它毒性十分强烈，尤其对于年幼的儿童来说，它是一种危险的植物。

花海旁的悠闲假日

美景如斯！架于水面的木板如同湖畔一座小小浮桥，围绕在一片鲜艳怒放的绣球花海洋当中，这样的景色真让人流连千遍，不忍离去。这里充满原始的浪漫，令人思绪翩翩，顿感浮生若梦。设计者一方面利用木板地面，刻画出简洁清晰的轮廓线，另一方面则通过栽种品种颜色各异的绣球花，使植株和花朵一丛丛漫出水边，在整个空间蔓延，从而营造出这样一个充满情调、花团锦簇的场景。光线从不同的角度射入，在水面上形成姿态各异的倒影，更是增添了一种独有的魅力。花园和水面的过渡部分，采用了开放的设计，地面用木板抬高，达到大气宽阔的效果——给人一种庄重大方的感觉。要想拥有这样美丽的绣球花，令其如梦一般盛放，您应该将它种植在均匀湿润、不含钙质的土壤中，日照充足或是半阴的环境里。为了避免自来水中过高的含钙量，您最好用雨水来浇灌植株。园艺绣球花不能承受过度的短截或者短剪！因此，您只需及时去除枯萎的枝叶部分，或是偶尔进行疏剪，以保证植物下部能够获得充分的光照便足矣。只要注意遵循以上原则，您一定很快就能徜徉在自己的花海之滨，度过梦幻般的悠闲假日！

生动的木质风情田园诗

在上图中，宁静安逸，池塘布局浑然天成，四处草木葱茏的花园中央，环抱着一个圆形的木质地板露台，顷刻间，便营造出一种浪漫假日的气氛。能在此地偷得浮生半日闲，夫复何求？露台下的园子里放置着许多形状、大小不一的冰碛石块，使整幅画面富于变化，充满了自然的趣味，并且完全不露设计痕迹，不含人为雕琢的味道。露台木质地板的中央部分，铺设着浅色天然石材的马赛克地砖。这样的细节处理方式相当有趣，目的是将切割成相同形状的木板条铺设成同心圆的形态。为了保护木质地板，让它一直呈现完美的纹理效果，您必须用亚麻籽清油或者清漆定期处理木头表面，从而提高木材对于气温和空气湿度变化的耐受性。另外，对于木质露台地板来说，木条下方的空气流通，以及预留足够宽的缝隙，保证木条之间的通风都非常重要。您还可以栽种针茅或者是抱茎蓼一类的植物，令花序或者嫩枝在风中摇曳，有意识地创造出一种葱茏而生动的造型，利用草本植物柔和自然的形态，来中和花园里木质地板生硬呆板、棱角分明的感觉。

芬芳的夏日之梦

图中这样迷人的气氛会令人产生不由自主的兴奋感。夏天已经近在咫尺，触手可及；大自然中一切繁衍生息，已经到了一年里最为旺盛的季节；园中的盛景让人常常忘却外面的世界，那充斥着烦恼和压力的世界。围绕着栽满水生植物——睡莲、蕉草——的小池塘，一组又一组多种多样，花色、形态各异的植物盛装登场。此地的迷人之处在于一种有序的野性，一方面容许植物以自然的方式自由自在地生长，另一方面又给特意种植的品种留下了清晰的空间。爬满攀缘植物的凉亭下，阴凉阵阵，让人远离热浪搅扰，尽情欣赏眼前的可爱景致。园中非常引人注目的，是以其药用价值著称的药用植物紫锥菊，以及多个品种香气浓烈的薰衣草。为了让薰衣草能够很好地持续生长，您必须将它种在温暖向阳的地方，并注意富含营养成分的石灰质土壤。每两到三年进行一次大幅度的修剪，会使株型更为完整，有利于生长，也能适当延长植株的寿命。薰衣草和月季的组合，尤其在较大面积的分类组合中，是一种视觉上和谐，而且气味芬芳馥郁的完美搭配。薰衣草开花之后，请立即将花枝剪下，以便保证最佳疗效。用热水冲泡，您的杯中将是最完美的夏日花草茶！

浓淡相宜的白色花朵

有这样一个事实，或许较为出人意料：在园林设计中，刻意选用各种白色的花卉，已经变得越来越普遍。开白色花朵的植物种类繁多，花型变化多端，再加上洁白的花朵的象征意义毫无歧义，这些都使开白花的植物成为构建迷人花园的基本要素之一。用纯洁、高贵、纤尘不染的白色花朵，您可以设计出具有强烈的参差对照感、层次丰富的花卉区；利用花型较大的夏季花卉品种，比如说园艺郁金香，还能营造出整片灿烂的花海。白色是特别吸引昆虫的颜色。开满白花的园子很快便会充满蜜蜂扇动翅膀的嗡嗡声。另外，它还具有清心宁神的功效，正如图中那绿白相间的花园给人的感受一样。许多灌木植株从花坛中探出头，簇拥着园子中央亭亭玉立的一棵垂枝柳叶梨，它那柔和低垂的树冠似乎给这情调十足的花园真正加上了冠冕。园中浓密的碧绿树篱十分引人注目，经过不断修剪，随时保持着整齐的造型和简洁紧凑的风格。设计者利用植物选择上的强烈反差，以及花坛树篱的色泽与造型，进一步强调了整个花园设计的单色效果。如此一来，简单明了的白色也被运用得有声有色。

小建议

木料的正确保养

最佳的保养木料和木质家具的方法，应该也是最为天然的方法！作为一种有生命的原材料，木材本身的状态一直处于持续变化过程中。木材本身所含的水分，极端天气变化，还有家具地板使用时难免的磨损，都会对木材造成影响。为了能够让家具或地板长时间保持美丽迷人的外观，正确的保养必不可少。非常重要的一点：要让木材能够自由呼吸，因此，尽量不要封住木头表面的毛孔，除非遇到特殊情况，比如说必须尽可能减少水分渗入木头内部，造成细微裂缝。每年用亚麻籽清油重新刷一次木料表面，是保养木质地板或家具的一种天然环保的方法。

园艺之趣，乐在其中

多么美丽的花园！举步踏过木板小桥，就已经来到了园艺之趣的彼岸。精雕细琢，体现着设计师心意的细节设计，造型协调，色彩呼应的植物布局，当然还有各种园艺技巧的使用，使这座大方气派的花园逐渐接近了人们心目中那个绿色的梦境。一头是绿色的草坪，另一头是方砖铺就的实地，木板小桥与露台的组合被刻意夹在当中，成功地突出呈现了圆形露台的视觉魅力。从露台中心一眼望去，整个花园梦幻般的风景尽收眼底。木桥的一端利用切口状的设计，在三角形的截口里面种上血红老鹳草，一种效果十分强烈的观赏性灌木，它那星星点点的粉紫色花朵打破了整个木板边缘的固定形态。如果您想要将一块面积较大的空地，或是树木前方半阴的地带，改造成花的海洋，可以试试利用这种灌木。除开大面积栽种，用作装饰空地之外，您也可以将花朵颜色从白色到浅紫的不同品种老鹳草组合起来，作为可供独立观赏的植物群落，视觉效果十分强烈。再看园中天然小池塘后部的空间，设计者利用三种造型植物：大根乃拉草、鸡爪槭，以及修剪成型的锦熟黄杨结合在一起，如同一组和谐的音符，令人印象十分深刻。

对照强烈的优雅风格

极强的形式感和丰富的造型，使这个一瞥之下显得极为简洁的花园因此而拥有了一种优雅的对照。花园中央大片浅色的区域铺满鹅卵石，这些河中的卵石躺在清浅的池底，随着光线角度的改变，幻化着不同色泽的光影。有了这样一个水池，连浇灌园中植物的用水问题也一并解决，这样的方案自有其魅力。明朗、严谨并且精心定位的各种柔和造型结合在一处，产生了一种很特别的张力。正如园中这件覆满铜绿的雕塑作品一样，在布局时，我们应该给这些富含寓意的艺术品安排足够的空间，从而达到完美的效果。棱角分明的简单原则在靠近房屋的地方运用得相当熟练，同时又通过一些园艺设计上的小窍门，使整体风格显得更为轻松活泼。尽管平面上方方正正的设计并未被完全打破，但是三株修剪得整整齐齐的柱状植物欧洲鹅耳枥，向垂直方向抬升了视线。一片葱茏的盆栽植物暗示着季节特征。园中绝大部分地方日照强烈，阳光充足，因此适合种植喜光植物，例如锦熟黄杨，以及格外优雅的丝兰等等。只要您像此处的设计者一样，将关注的焦点放在最为重要的元素上，就一定会收获既时尚又持久的优雅感觉。

琉璃般通透的造型

上图中，花园的整体设计风格端庄严谨；边界分明的清浅水面给人一种高雅大方的观感。水中的倒影随光线射入角度的变化而变幻莫测，营造出视觉效果的深度。水池上铺着网状的防护格栅，既能挡住落叶无法进入水里，又拦下了不受欢迎的浴客，可谓一举两得。池中的水清澈微蓝，与周围环绕着的碧绿草坪形成了鲜明对照。一个模拟水波缓缓拍打的喷泉装置，给水池增添了几分动感与活力。为了保持水质清澈，并尽可能减少水池的维护费用，必须同时调节过滤装置和水泵，使二者互相配合，既让池中的水保持流动，又要在满足这一要求的前提下，把水的深度尽可能控制在最小。在这个花园的外围，边界处地形稍低的地方，栽种着许多造型生动、形态各异的半灌木、灌木和单株树木，一定程度上中和了整体上严谨、方正的基调。要想让中心和边缘这两种完全对立的风格协调起来，您必须要使二者统一在一个总的设计框架里，同时给单个元素留出足够的空间，以便它们能完整呈现各自的风格。简而言之，有意识地安置寥寥几种设计元素，会让您极简主义的花园呈现出它最为耀眼的一面。

1 造型保证效果

常绿植物作为构造园林的主体框架，尤其是造型别致的锦熟黄杨，在古典风格的园林中常常扮演着主要角色。浅绿的叶片，以及耐修剪的特性，使它特别适合作为花园里造景的重点，吸引众人的目光。将它安置在天然的背景前，效果尤为出色。

2 清晰的线条

图中的花园设计极为方正严谨，看起来尽是人工雕琢的痕迹。这样城市化、人工化的设计，放在周围纯自然的环境当中，形成了一个极为出色的对照。安置在天然风景旁的园亭，进一步强化了这种对比的效果。不同造园要素之间清楚的相互关系，简洁明朗的色彩，以及线条化的设计特征，所有这些，作为时尚的设计手法，恰好针对浪漫主义的灵动和随意，成为现代风格的标签。

3 画框中的风景

火红的郁金香在花坛中盛开，与四周那些造型简洁、终年常绿的植物形成对比，给浪漫的北欧乡村风格园林带来一丝灵动的感觉。整个花园反衬着茅草顶房屋的色调，设计风格表现出明显的地域特征。

4 洁白的世界

并非随时随地都需要五彩缤纷的感觉。这里的设计将注意力集中在白色与绿色的和谐搭配上，布置了一处幽静清雅的桌椅座位，高低错落的花草将它掩映其中，不断重复着同样的色彩主题；同色调的桌椅，阳伞也在强化着这一主题。古典元素——削减——充满现代感的效果。

5 狭小空间里的伊甸园

这个小小的城市花园，给人的感觉像是一个安全隐秘的极乐世界。乍一看，各种装饰、材料和植物堆砌在一处，令人目不暇给，但是您很快就会领悟到它设计上的妙处：这是一个平凡生活的休憩之地。这种最基本的感觉适用于所有浪漫风格的花园。

6 禅之魔力

这座禅意园林摒弃了繁复的设计，将一切纳入一个封闭的胜境。平衡稳定的结构，富于象征意义的材料，注意力回归到极为简单的禅意上，创造出一种充满魔力的氛围。极简主义设计风格的独特力量，就在于对风景的一种极为精炼的概括与描述。

1

2

3

4

5

6

空间分割

设计属于您自己的绿色起居室

确定整体轮廓，定位基准点，墙体布局——再加上若干引人注目的亮点。听上去这似乎是在谈论房屋建造和室内设计，但是我们这里所指的，是设计风格独特的花园空间时，必须要遵循的总体思路。

如同敏锐的理解力和鉴赏力，还有很好的目测和观察能力一样，个人化的意图，对布局的基本设想，以及具体的地形条件等等，这些因素在花园的空间设计中，都会起到至关重要的作用。与房屋建筑设计的不同之处就在于，设计花园时，利用现有的地形相当重要，因为即便是人工建造的花园，它自身的动感和丰富的变化，其实完全来自园内植物的种植设计。

一幢房屋，它的轮廓线是固定不变的，作为建筑主体，它被周围的地形环境所围绕，但是周围的环境几乎不可能改变房屋本身原始的设计架构与布局。而花园，永远都不止是种花的园子而已。花园是个性的表达，并且在很多时候，它作为起居室的延伸部分，与住房本身有着相当明确的关系。

空间分割

单独的花园空间，绝非一个个与整体毫无干系、泾渭分明的区域。从园艺的角度来理解，这些单个空间都是相对独立的区域，因此，一方面它们各自拥有自己的特点，另一方面，作为整个花园的一部分，每个空间的设计都对花园的整体效果至关重要。

在设计时，针对这些不同的空间，您可以使用与整体布局一致的设计语言，但是也可以刻意选择偏离主题的风格，目的仍然是为了最后获得浑然天成的总体效果。如同室内设计一样，这里的空间也有功能上的区分。不同的花园空间既可以承担社交、休闲等功能，也可以作为出产丰富的蔬果作物种植空间，或是布置精美、吸引眼球的展示空间。

确定了单个花园空间的功能，就会直接影响到它的布置和安排方式。一片露天休闲座椅区的布置，为了能够满足它作为绿地中的社交空间这一功能的要求，除了需要指定一块空地，并且设置屏障，遮挡陌生人的视线之外，最重要的，就是作为所处环境中的视觉支撑点。与之相反，种植蔬果或药草作物的花园空间，可以最大程度地吸引人的注意力，尽量使人们的目光能够自由地投向园中的每一个角落。

您可以利用各种不同的方式来构思、安排和布置您的花园空间。通过设计外层的轮廓线，您能确定它最初的样子，它必须与整体造型思路相符，但同时也要给整个花园带来新的形式。同样的原则也适用于对各个单独空间的内部进行划分。利用树篱来设计或者修饰轮廓线，是很实用的方法，人工修剪整齐的也好，自由生长成型的也好，效果都很不错。更好的办法则是将二者结合起来，变化运用！这样一来，您就能直接决定树篱的高度以及造型。您可以通过种植浓密而高度适中的树篱，在花园中分割出合乎规则的空间；或者利用低矮的、富于艺术感的弧形树篱，来作为平面上的装饰元素。树篱还经常被用在背景的设计中，使前置的各种植物更为引人注目。除此之外，树篱的另一种功能也不容小觑，它能将不同空间或不同的设计元素连接在一起。

除了空间的外在形态，地形的高低起伏对于花园的整体效果也有非常显著的影响。一组错落延伸的石头台阶，当然与一片设计成露台形式的斜坡，或是一道长长的、蜿蜒曲折的小径，效果截然不同。您应该利用地势的起伏，给您的花园增添一点错落有致的动感和新意。事实上，地形的特征几乎事先已经决定了花园应该如何分区。正因如此，单个区域之间的协调就显得特别重要。确定好总体造型的原则，还有选择植物的总的思路，对单个区域空间的协调特别有帮助。

有一种情况十分常见，那就是花园的布置通常会围绕着园林建筑来进行。即便那座园林建筑物是为了在花园中增添一道独特的风景事后才加建的，整个花园的安排和布置也必须围绕着这座后来添加的建筑，向它看齐。

单个空间的视觉联系，植物与建筑配置的关

系，以及与季节性相关的各种变化，这些因素都方式不同、程度各异地影响着花园空间的布局设计。为了达到统一的风格和整体的效果，设计的时候，能为我们指明方向的两个路标最为重要，它们分别是：造型与色彩。

当设计者将注意力高度集中在相应的功能设置，或者是十分特殊的视觉效果上时，通过使用充满个性的造型与材料，便能创造出独一无二、特点鲜明的花园空间。在这种情况下，您尽可以鼓足勇气去尝试，哪怕您心中所想的是，花园为什么不可以棱角分明——或者白色就是您最缤纷的色彩选择。倾听您内心深处的声音，让创新的欲望带领您，结果一定不会让您失望。品种繁复、数不胜数的植物种类，还有多种多样、可以相互自由组合的单个造景元素，所有这些，都为您随意选用不同的园林设计手段提供了极为丰富的资源，供您选择，这正是花园设计中独有的无限自由的空间。

尽管有若干必须遵守的基本规则，打造一个完全属于自己的花园王国，并且随心所欲并兴之所至地做一些改动，还是能给人带来无穷乐趣。最主要的原因在于，栽花种树与盖房子完全不同，花园是一个动态的自由空间，这里有许多可以转动的旋钮，转动的方向指向幸福和乐趣。在这里，最为困难的，就是成功地将内心的真实感受转移到这片属于自己的绿色天地中，不过，这一切其实远比您所想的更简单，您所需要的，只是一颗敏感的心，一双敏锐的眼睛，还有脑海中的一刹那的灵光闪现。

> **小建议**
>
> **按高矮排序**
>
> 为了形成整体的纵深感，您可以在布置边缘地带的植物时，采用拍摄集体照时排座次的方法。矮小的植物种在前面，长得高大丰满的植物则安排在后面。您可以在中间种植几棵特色明显、重点突出、引人注目的品种，使整个画面产生一种张力。

适度的设计

自由生长的植物与人工精心修剪的植物在花园中相辅相成，融为一体。一组有机地结合在一起的弧形元素，全部采用锦熟黄杨，造型充满丰富的曲线感，背景是两行修剪成形的绿篱，以及几棵脱颖而出的独植的树木，一座用心打造的花园就这样呈现在人们眼前。花坛和小径的造型设计，同样采用了圆弧风格，与整体的有机造型相适应。这样一来给人的感觉是，无论是大自然，还是园艺上的能工巧匠，都在这个花园里找到了自己的用武之地。园艺设计是否成功，很大程度上取决于您采用的设计元素和造景方法是否适量，适度，恰如其分。简而言之，为了达到更好的效果，您最好不要选用太多种不同的造型和风格，而是尽量更多地使用同类造型风格的元素。

不同形状的有机融合

在上图中，设计者通过运用平衡与对称的法则，色调上的渲染，以及形状和布局的多样化，尤其是造型修剪元素所产生的特殊效果，使花园的这一区域庄重大方，充满了古典风格的美感；同时通过对整体色彩的简化，让它展示出现代风格的基本特征。在这里，您可以尽量大胆地采用修剪造型元素，不断地去重复和强化园林设计中植物这个主题，并将这一主题扩展到整个花园。为了让植物能更加鲜明地衬托其他相对的造景元素和建筑景观，您应该从色彩的布局和设计上来把握，使它们相互呼应，达成谐调。在上图的花园中心，圆形小池被三重修剪得整整齐齐的树篱与独植的苗木环环套住，造成整个花园的一种美观大方、封闭式的完整效果。前半部分通过园艺手段修剪成形的元素，与后面背景处一部分自由生长的树木形成了鲜明的对比，给整个花园空间制造出一种鲜活生动的气氛；休闲长椅同时成为视线的焦点。多种多样、各异其趣的造型自然地延伸，最后在长椅处汇集，融为一体，效果十分强烈。作为这样一个有机的整体，它的力量体现在一种冲突上：布局严谨的对称设计，同时在后方的背景处完全打破了这些严谨的规则；而它的魅力，则更多体现在刻意地简化和减少色彩上，整体效果简洁，明朗，干净。

修剪得美感十足的前庭

根据自己的喜好，随心所欲地组合，安排，有必要的话，换个思路重新再来一遍。利用各种造型修剪元素，您可以这样来随意布置您的绿色起居室。究竟如何操作呢？上图中，结构优美的花园前庭已经给了您答案。拱门形状的铁架上爬满了攀缘植物，两侧独植的小树向高处伸展着枝叶，确定了总体的空间结构特点。而三株修剪得方方正正的欧洲红豆杉成为现有的绿色空间中，富有立体感的箱式景观。它们打破了直线式的视觉延伸，使得整个花园空间显得更大，而矗立在正对面的住屋，则从视野中消失了。一般来说，人们操起园艺剪刀，总是会倾向于剪出那种自然、圆润的弧度。而要修剪得有棱有角，成为人工痕迹明显的造型，有时候确实需要鼓足勇气。其实刚开始的时候，您完全不必有什么担心，这一类造型元素带来相当棒的空间效果，它们还能提供多得惊人的组合可能性，可以勇敢地去尝试一下。上图中这个造型丰富的整体空间，其实就证明了方形的棱角分明和圆形的柔和弧度，搭配的效果其实非常出色。因此，您最好将各种造型元素修剪成形状各异、高低错落的样子，布置在定位清晰的背景前面，从而达到富有立体感和层次感的设计效果。

半开的花园小门

看到上图的场景，人们自然想要知道，在那两行高大浓密的欧山楂树篱后面，到底隐藏着一个怎样的花园，还有，这扇开着的花园小门究竟会引人往何处去。这一扇半掩着的、充满艺术感的铸铁园门，除了满足门的功能，作为园子内外的分界之外，同时也是一件特别引人注目的装饰品。山楂树的树篱要想生长得这样浓密完整，必须种植在阳光充足或者半阴的地方，含石灰质的土壤中，土壤应该保持一定的肥力，不宜太贫瘠，这样才有利于植株在抵抗较为极端的天气条件下成活，并且能够耐受大幅度的修剪，重新抽出旺盛的新芽。生长浓密且高度足够的绿篱，能够帮您将开放的和封闭的空间完美地联结在一起。利用树篱，可以给不同的花园空间之间划分界限，可以将一个单独的空间围起来，也可以通过截断树篱，或是在一片树篱中间开口的方式，来引导和调节人们的注意力，可以采用的方法和组合几乎取之不尽。另外，适合作为树篱来栽种的植物种类繁多，也可以给设计者提供非常多的选择，几乎能够随意改变树篱的透光度与遮挡性。例如在上图的花园中，如果用紫叶欧洲山毛榉来代替山楂树作为绿篱植物，光线透过的效果会强很多，同时作为景观树篱，它的叶片颜色深紫，效果亦相当出色。

球形结构

左图中，园艺师通过极为专业的修剪手法，将规则的球状结构图案淋漓尽致地呈现在我们眼前，这样的组合用自己的方式突出了空间造型感，给人印象深刻。整体结构的每个单独组成部分就是采用硕大完整的独植锦熟黄杨，分别经过精心的修剪，雕琢成表面圆润的球形。最终的效果十分出色！稳重的黄杨经过这样的修剪，造型显得略微轻松活泼。球体元素的大小和空间分布都显得庄重大方，给前面的休闲座椅一个很好的支撑，给这一片局部空间勾勒出一条清晰嫩绿的轮廓线——也给整个花园带来独一无二的表面结构造型。

对照和互补

暗绿的欧洲红豆杉树篱被修剪成弧形，在这个背景之前，花色鲜丽的抱茎蓼，还有明艳照人的萱草似乎穿透了画面，醒目地跳入人们的眼帘。设计者在此重复使用了对比和对照的原则。修剪成双弧形的树篱造型优雅，曲线丰富，与前方绿篱的棱角分明、方方正正，形成了鲜明的对比；绿色与红色相遇，碰撞也很激烈。您可以大胆地尝试这种完全相反的设计元素，因为正是通过对立面的衬托，绿色植物和花卉的鲜明特点才真正变得醒目、突出起来。

隔离墙

停！您的前方是花园，身后是住屋。这种前院后屋的格局，倒也不一定总是正确。不过右图中的山毛榉树篱修剪成一堵墙的样子，却恰好完成了这个任务，它像一条绿色的分隔带，插在锦熟黄杨围成的花坛和前后长满花草、被葱茏一片的似锦繁花盖住的小房子之间，将房屋和院落有效地隔离开来。或总的来说，可移动的隔墙不仅能用于分割室内空间，在室外，也足以用来制造空间的视觉张力。多个平行或交叉铺设的树篱元素有机地组合在一起，形成了各种出人意料的视觉关系和空间深度。其中当然也包括您可以采用的新的布局设计方式。

玫瑰拱门

设计师以低矮的锦熟黄杨树篱为框，将灌木玫瑰围在一个个独立的花坛当中，同时在花园的小门上方，将山毛榉树篱的一部分做成了优雅的弧线形拱门造型。这浓墨重彩的一笔，打破了树篱在水平方向上的直线造型，同时也将两边独立的树篱带连接起来，简洁而美丽。像这一类在空间高度上起连接作用的拱形元素，您必须事先设计好它的弧度和形状，才能保证它结实地缠绕住需要连接的部分。材料的选择上，未经加工的木头更具天然效果，而金属材料的设计则会更加强调或古典或现代的风格。

四重效应

用反复出现，不断重复的造型、元素和色彩，来构建完美的几何图案，这正是古典风格园林设计的主要方法之一：源于自然，但是高于自然，成为独具特色、庄重大方的古典园林的艺术化标杆。四棵修剪成柱状、向天空伸展的锦熟黄杨如同点睛之笔，为四个独立的园艺种植区域提供了遥相呼应的和谐的装饰效果。正面上方采用了石材构建的弧形座椅，美观之外兼具实用功能。园中所用的建筑材料色泽低调天然 —— 铺地的卵石如同一块地毯，将四处单个修剪成形的锦熟黄杨绿篱花坛拼合成一个极具装饰性的元素。要想将单个的造景元素润色得更为灵动活泼，富于装饰性，您就更需要注意，将这些单个的元素尽可能置于统一的背景和基调之下。在上图的花园中，创造这种统一基调的，正是修剪得短短的草坪，中间部分铺满鹅卵石和碎石子的空地，还有给植物留出了相应空间的方砖地。您也可以通过栽种相应的植物，把这些起连接作用的地毯状平面从视觉上纳入围起来的花坛空间中去，比方说，您可以直接在卵石上种植合适的植物。

小建议

郁金香如何安然过冬

- 请勿去除所有的叶片，否则会妨碍新鳞茎的发育生长。
- 由于土壤肥力逐年降低，建议您每两年将鳞茎挖出，更换栽培地点。
- 挖出的鳞茎请保存在凉爽干燥处。

宁静的花海

郁金香的美丽毋庸置疑。总的来说，绝大多数的园艺郁金香，也包括许多野生品种的郁金香，开放时都是千姿百态，美不胜收。究竟是选白色，黑色，还是深红的品种，完全取决于个人喜好。如同其他的夏季花卉一样，郁金香也需要一个精心布置的舞台，让它们盛装登场，争奇斗艳。尤其是成片种植的时候，一定要用绿篱围住盛放的花朵，创造一幅整体的画面——同时，布置树篱时也要注意，不能抢去郁金香的风头。在这里，低矮整齐的浅绿色锦熟黄杨树篱作为首选，当之无愧。

小建议

黄杨的维护

- 修剪造型：黄杨木对过度修剪和短截比较敏感。因此一定要注意修剪适度。最佳的修剪时间在冬末（2 月份），6 月份可再进行一次修剪。
- 保持造型：高兴的话，您可以在来年的夏末，天气阴或多云时，再次修剪您的黄杨树，让它保持完美的造型。
- 黄杨树生长的最佳环境是清新湿润、透水性好、土质疏松、养分充足的土壤。但是，过于阴凉会削弱并减缓它的生长。

独具一格的解决方案

针对相邻的区域空间，究竟是在它们中间设置清晰的分界，还是通过高超的园艺技术把它们巧妙地衔接起来，这其实是园林设计的中心问题之一。设定界限使得不同区域之间泾渭分明，形成风格各自为政的花园空间；而通过平稳流畅的过渡来连接，则会呈现出不同空间融为一体的画面。如果您希望二者兼而有之，希望能在您的花园中同时再现这两种风格各自的特征，就应该将重点放在少数几种主打材料上，选择个性化的造型。在这里，有一点十分重要，每个独立的局部区域，应该与其他空间在视觉上有效地分开，并且通过清晰的设计思路，使它能够在一个大的整体当中，充分展示只属于它自己的独特魅力。图中展示的，就是如何通过造型修剪元素和饶有趣味的植物组合，来成功地处理整体和局部空间之间的关系。通过将各段锦熟黄杨的树篱巧妙相连，还有独具一格的花坛围篱造型的反复出现，使得花园仿佛成为一个整体，其中蕴含着充满特色的小区域空间。而围绕在树下的那一块正方形造型，看上去似乎是从前面的花坛中心部位直接切下来，这个别致的设计亮点进一步强化了上面提到的整体布局原则。

拉上的门闩

上图的这片长方形树篱像是一堵绿色的后墙，给前面造型丰富、结构多样的植物提供了相应的背景，并且成为视觉上的依托。旁边矗立的几棵高大的独植树木，将这面绿篱与另一片植物区分隔开来，并且与它一同构成了园中一个独立的区域；在这个空间的下层，一种被称作“银毯”的绵毛水苏大面积地铺展开来，颇有趣味。大片银毯的上方，倚靠在一棵修剪成椭圆形的锦熟黄杨身旁的，是一株挺立着的正在怒放的月季。像这种密实、不透光、修剪得有棱有角的方形树篱，您最好选用欧洲红豆杉，叶片呈椭圆形的卵叶女贞，或是日本冬青等树种。红豆杉和女贞等苗木过冬时，最好采取足够的防护措施，而冬青树在特别干旱的季节——主要是冬季，必须及时适量地浇水。如此一来，您就能利用高度不同的一片片树篱，将您的花园随心所欲地分隔成不同空间，画上界限，或是逐一进行渲染。您还可以尝试一下，让不同的绿篱树种自然地衔接起来，混合生长，一定能收到十分有趣的效果。

小建议

长期的生长

那些已经生长了很长时间的树木，几乎可以被修剪成任何形状。原因在于，粗壮、发育良好的根系能够吸收和锁定更多养分，这样一来，植物才能够完美地适应周围的环境。如果假设树篱平均每年生长高度为 25 厘米，植株最初高度大约 50 厘米的话，要想得到图中这样体积庞大的树篱，您必须至少计划八至十年的生长时间。

量体裁衣，精准得当

在休闲长椅和绿色高墙之间，刚好能透过一阵轻风。这一对亲密无间的伙伴，正在这里进行一场无声的造型游戏：边缘锐利、棱角分明的，是自然生长的树篱；而弧度优雅、充满艺术感的，却是人工搭建的长椅。将白色长椅从小路尽头抽离出来，安置进树篱围绕的隐秘之地，这似乎又带起一股分离的风——还有一处隔绝视线的休闲空间。与此同时，树篱那种十分庞大的感觉不见了，并且在造型提升的过程中赢得了众人的视线。被深化和抽离的区域当然要求能拥有更大的空间。因此您在设计时，最好考虑到树篱兼具划界和分区两种功能，多预留一些空间给它，以便更好地润色局部区域。

小建议

更加舒适美好的座椅区

安置休闲座椅的时候，如果不是随意摆放在某处，而是与园中的景物（树木、池塘、艺术品）相结合，一定会取得更好的效果。最为重要的是：座椅的设计首先必须保证稳固结实（加固的地面），然后再添加其他配件（植物或者艺术品）作为修饰。另外，一定要记住，休闲座椅区的背面必须设计足够的遮挡屏障。

舒适座椅

谁敢说图中的座位不是优秀的设计呢！造型低矮的锦熟黄杨给石头材质的座位抹上了一层淡淡的新绿，并且将石凳边缘的棱角修饰得圆润而柔和。实际上，人工建造的石凳，长度仅仅到石材与黄杨树的交界处为止。但是绿色植物造成的视觉错觉，成功地放大了整个座椅区，并且让整体氛围更加舒适。后面花坛里种植的矮枝月季，前方的灌木月季盛放的艳丽花朵，都给整个设计添上了精雕细琢的风味。

三重视觉引导

从设计宽大、诱人深入的第一重园门，到明显变窄，但仍有一定宽度的树篱开口，再到完全封闭的绿色隔离带——这样的空间构成，视野随之逐渐变窄，成功地引导着观者的视线。除了前面两处大小不同的开口设计之外，后面的树篱带修剪成层次分明、波浪起伏的造型，也更强化了这种效果。欧洲红豆杉生长极为粗壮结实，寿命相当长，并且具有超强的抽枝发芽的能力，几乎可以被修剪成任意一种造型。同时，由于这一树种差不多能够适应各种不同的环境，并且在强阴的情况下也能健康生长，您可以将它作为修剪成形的树篱元素，作为围篱和背景，安置在您花园的任何地点。也可以选择红豆杉作为独植的树木，给您的花园增添生气。爱尔兰红豆杉就是特别适合单株种植的树种，此外还有黄色针叶的变种金叶柱形红豆杉，或是体型较小的、灌木形态的培育品种曼地亚红豆杉。在您设计视线中轴、切割视窗之前，还需要多花点时间和耐心，等您的植物基本生长成型，能够提供足够的框架以供修剪。在此之前，您可以先用盆栽植物和其他造景物品来布置出您希望达到的效果。

小建议

选择合适的材料

您需要的材料必须质地结实、色彩鲜艳，同时又有透光的效果；还应该替换方便、价格适中，因为您一定会希望随时换上新的颜色来布置花园，甚至于按季节来选择颜色？合成织物面料聚酯纤维（PES）能满足上述所有条件。如果您的设计需要使用不透明的遮光面料，并且吸水性良好，可将聚酯纤维面料进行PVC、丙烯酸或者特氟龙涂层处理，从而满足您的要求。

水一样的材料

树木、绿篱，还有隔断墙，都可以作为屏蔽和遮挡，以及划分整体空间的手段——同时也能隔绝陌生的视线。不过，还有一种更为开放的方法。比如说，使用彩色的大幅布帘！图中的木质露台经过层层布置，渗透着浓浓的艺术气氛：三幅亮蓝色的布帘成为视线的中心，勾起人们心中对水的回忆。这是一种非常典型的、时新的花园布置方法——仅从园艺的角度来看，我们可以保留怀疑态度，大胆地往前走一步，尝试一下。这个露台的整体和重点，都充满了现代感和非同寻常的气氛。整幅布帘在明亮的阳光直射下，确实能产生如水一般流过的强烈效果。这个设计的优点之一，在于您可以用其他颜色的布帘来替换蓝色。您必须随时考虑清洗布帘的问题，因为露天的风雨和尘土，此类面料上特别容易留下不太美观的痕迹。设计的时候，请您事先考虑好简单方便地拆卸和安装布帘的方法。如此一来，就能在情况需要的时候，轻松快速地装卸布帘；每年夏天，露天季节开始的时候，安装布帘也不再成为费时费力的工作。为了取得类似图中的引人注目的效果，您在选择面料时，还要注意一定的透明度。

露天空间设计

您可以布置一座花园，也可以修建一座花园，正如图中所示的一样，通过多种建筑元素，将露天空间分隔成不同区域。在这里作为垂直的空间分隔物的，并非高高指向天空的大树，或者单独栽种的植物，而是竖立着的一组组木片，木片之间的缝隙夹着透明材料，称得上是个性特征明显的设计元素。从远处看，效果像是粗大的树干，小路的设计也富于变化，好像树与树之间的一条小径。填满了大量鹅卵石的水池，自然而然地象征着林木环绕的小湖。现代风格的园林也会在一定程度上展示“叛逆感”，以此来刺激观者的想象力，有时甚至于是一种过度的刺激。整个布景的人工痕迹被繁密生长的植物打破了，这里种植的狭叶玉簪是一种形态多样、生长茂盛的赏叶灌木。建筑元素与植物元素的密切配合，给我们展现出一个思虑周密、细节丰富、注重风格原汁原味的设计方案。一方面中规中矩，严谨方正，另一方面自由生长，变化多端。设计者将垂直放置的能透过视线的建筑元素，和生长蔓延到整个空间的植物如此结合起来，不愧为一位绿色空间设计者，创造出的视觉关联令人喜出望外。

小建议

没有规矩，不成方圆

要确定总体设计理念，您可以先分别观察各种基本的几何图形：三角形，长方形，正方形，圆形等等。一旦决定下来使用哪种基本形状，您就应当尽量考虑将它运用到平面、轮廓、植物（修剪造型、树木造型）等各个范畴，使这种形状尽可能频繁地出现在人们的眼前。

美丽的方格

四棵扎根于绿色的正方形锦熟黄杨中、枝叶修剪成平顶状的二球悬铃木，围绕着一个小小的艺术喷泉，将所有目光引向了它。在类似博古架形状的背景墙的衬托下，这里如同一间收拾得清爽整洁的绿色起居室。清晰的边界线非常重要，它设定了空间的范围和比例。要想成功地塑造一个幻境般独特的园艺世界，首先就必须清楚地划分空间。确定高度和视觉特征，则应该考虑花园的独特地形条件，并且充分利用园中现有的造景元素。利用镜面效果，能在较小的空间里产生放大的视觉效应。

幻境无边

这条小路通往何处？如果它沿着幻想的方向朝前延伸，穿过那扇门，人们一定能发现这座花园里的另一个空间。不过在现实中，这条若隐若现的小路，终点就在这堵无法穿透的墙面前。花园的尽头简简单单，将眼前的幻境衬托得更加逼真。错觉，一种令人惊异的体验，最迟不晚于早期巴洛克时代，就已经成为一种十分重要的风格元素，用来对空间的大小、广度和深度进行伪装，以实现特殊的视觉效果。所谓的“哈哈”式隐垣设计就极富传奇性。由于这种看不见的园墙设置在深处的暗沟里，它能使视线延伸到园外无遮无拦的风景中，让园景与周围的田野连成一片，显得广阔无边；同时又能从另外一面挡住野生动物闯入或离开园区。这样的设计从另一个层面上，也隐隐暗示着封建贵族的权力关系。在上图的设计中，观察者通过一个合适的角度，能产生比实际上更为宽阔的空间印象。正是在这种空间比较狭小的情况下，利用建筑上的一些小小变化，能够帮助您打破线性间隔和僵硬的界线。在上图的花园中，网状格子通过它特殊的吸引视线的效果，使整片大面积的墙体呈现出较为轻松的结构，似乎是视觉上的一种软化，使得它最终与墙前面的大片植物融为一体。

盆花阅兵式

一股浓郁而淳朴的南欧风情，从盛满五颜六色干花香草的陶罐中散发出来，弥漫到石头矮墙上；一排花盆如同五彩的冠冕，装点着石墙的顶端。从功能上来看，这道石墙完成了三重任务：给露台在整个花园里一个支撑点；清楚地将园中相应的露天空间分隔开来；并且成为各种附加园艺装饰物品的一个小小展台。在这里的装饰品，主要是种满各种花草植物的花盆和容器，不过也可以考虑摆放上老式的花园工具，或者是充满艺术气息的物品，这些都会与园中古旧风格的家具装饰十分相称。石墙上的冠冕选择哪些花草、怎样的容器，可以完全根据个人喜好随性而为。您要是将石墙设计得宽大一些，也可以在上面安全地放置体积较大的物品。不过一定要避免把它们放在风口的位置。散放在整道石墙上的盆花植物，再一次强调了露台的直线轮廓，同时又中和了石材的那种棱角分明的硬朗线条。除此之外，这些盆花给露台，还有整个花园都添上了一种迎客的气氛。石墙这一头的顶端，朝露台方向凸出少许，与几级向下的台阶连在一处，阶前摆着一盆花，大小适中，整体上给人一种稳重的感觉。在视线的重要位置摆放比例恰当的盆栽植物，明显地加强了半高墙体的效果，将它们更好地从周围环境中凸显出来。

小建议

万灵药草短瓣千屈菜

早在古代，人们就已经熟知了这种植物的药用价值。它能治疗腹泻，并且有止血的功能。短瓣千屈菜偏好潮湿至湿润环境，在肥沃的土地中生长良好。为了保持它旺盛的生命力，必须定期浇水及施肥。将短瓣千屈菜种植在池塘边缘作为装饰，给花园增添一点野趣，是一种十分理想的选择。

圆满的角落

上图中，砖墙围绕着的水池尖角凸出，设计者用风格轻快的植物将水池角落修饰得圆润柔和。池边种植着一蓬蓬绿草，还有高高挺立的短瓣千屈菜，与整体建筑设计风格形成了鲜明的对照。在向阳到半阴的地段，养分充足、润泽潮湿的土层中种下这类植物，您会收获真正的“高潮”。另一种植株较小、开绯红色花、名为“罗伯特”的品种也很有意思。此外要注意的是，在砖墙上使用色彩柔和、与整体协调的填缝砂浆，就像这里一样，能够形成一幅住屋和露天空间设计风格和谐统一的画面。

藏起来的一面墙

一面看起来很不起眼的墙，消失在藤本月季的重重帘幕之后，结果却出乎意料地成为众人视线的焦点。园中的花草郁郁葱葱，生长茂盛，助大自然一臂之力，在这里占尽上风，同时也借能工巧匠之手，展现着自己迷人的一面。要是没有墙或是别的依托，这些月季也难以生长得如此美丽。除了作为攀缘而上的倚靠，这面墙的另一个作用是遮风挡雨和反射灼热的阳光，这些都是藤本月季健康成长缺一不可的要素；而事先设计安装好的木制或钢制结构的棚架，给藤本月季提供了理想的攀附支持。类似条件也同样适用于五叶木通、紫葛和软枣猕猴桃等攀缘植物。提供攀附支撑的墙，并不需要一定是花园边界上的园墙。在总体设计中，您也可以把它当作吸引目光的独立造景元素来使用，比如说，在花园中心区域设置一段半高的墙体，并不需要太长，让植物在上面攀缘生长。

花之墙

上图的花园的确让人大饱眼福，沉醉在一片缤纷花海当中。安放妥帖的木制躺椅，给人提供了一个最好的角度来欣赏眼前的美景。一块块用过的方形混凝土石板平平地摞在一起，一层一层，垒成几道高低错落的矮墙，设定了水平方向视线的分界。植株与花朵的颜色丰富，互相衬托，互相补充，呈现出一场色彩的盛宴。多个品种的园艺郁金香和三色堇喷涌出形形色色、深浅不一的红色基调花朵。保守的水泥灰色泽黯淡，强有力地反衬出花朵的色彩效果。一直延伸的宽厚墙体容易给人造成沉重的感觉，而这里的几道矮墙高低不一，设计上富于韵律感，吸引着观者的目光久久停驻。作为墙本身来说，如果视线所及可以一览无余，而且墙体构成采用的是横向，而非纵向结构，其实非常适合当成一个基础，用来呈现某种风格独特的设计思路。旧的、使用过的材料，本身已经是陈迹斑斑，一来价格上合算得多，二来尽管并不是最完美，但用于别具一格的设计中，效果非常好。在实际操作中，您也可以随意去掉砖墙最上层的某块石板，既能打破直线轮廓，增加整体的活泼度，也可以为您的摆设物品预留一个好位置。

小建议

冰川漂砾

这种大小不等的石块是冰川时代的产物，正由于它们几近“光滑”的边缘，因而一直是园艺师们乐于使用的一种建筑材料。使用漂砾的设计布局，总是风格独到，很少重复。它能给您的花园增添一份地域特色。漂砾尤其适用于大面积铺设、作为泉眼石、加固斜坡面或是设置边界线等方面。

石头花园

一眼看到这张图片，您是否也想到了阴和阳？每块石头都有着各自独特的风格，但是，只有当它们合在一起时，才能让人感受到那种和谐的共鸣。这一对貌似完全不同的大石，恰好代表着纯粹的对立，正体现了典型的后现代园林设计风格。一边是天然的巨大漂砾石块，碰巧刚好深埋在土中；另一边则是用石锯加工的立方体，比例精准，棱角方正，上面是设计好的储水的圆坑。通过中间随意铺洒的碎石，还有正方形的踏脚石板，这两块大石终于被连在一处，成为一体。这一设计的独特魅力就在于，它将各有特色、各自为政的元素成功地结合在一起。

小建议

郁金香——花谢之后又如何？

您可以在秋季，去除大约三分之二的地面上植株部分，以便郁金香的子鳞茎能在来年春天抽叶开花。或者在花期过后挖出郁金香球茎，在之前的郁金香花圃中，换植夏秋两季开花的鳞茎花卉植物，比如大丽花、天香百合、秋水仙等。

水之魅影

在园艺设计中，雕塑和其他艺术品的地位远不止是一个附加的造景元素而已。整个花园围绕着它们来设计修建，而它们通常都是园中最后加持的冠冕。在左图中，仿佛漂浮在水面的塑像，秉承着一种似乎在深思的姿态，将这样的气氛填满了它周围的花园空间。名为“白胜利”的郁金香和为整个花园提供视觉支点的造型整齐的绿篱相结合，整体效果与有意设计的那种若隐若现、淡淡的、矜持的情调配合得天衣无缝。水池的边缘，刻意设计得较为宽阔，使观者对于池中的雕像油然而生一种可远观不可亵玩的敬意。正因为一般说来，雕塑作品描绘并表达着某种人类的情感，被某种特殊的气场笼罩着，因而需要相应的、与之谐调的自由空间。到底是否希望直接接触雕像或艺术品，还是需要设置一个保护地段用来加强效果，这是初步考虑设计思路时要放在首位的。因为这些问题的答案，直接影响到您布局的方式。左图中，设计者采用镜子一般光滑的水面，同样创造了一个美丽而且充满敬意的自由空间；显而易见，那琉璃一般通透的水平面成倍地扩大了空间效果。

飘浮的天使

大大小小的天然碎石块堆成了一个保护圈，外围种植着叶片伸展、充满生机的薹草，小天使端坐其中，悠然自得地演奏音乐。古典风格的柱状基座将小雕像抬到了一个更为显眼的高度，保证了它的稳固，使它成为花园中无可替代的重中之重。类似这样的天然石材和多年生草本观赏植物的组合，显得十分有活力，尤其是当长长的草茎在风中摇摆时，旁边的石块如同巨岩一般岿然不动，形成强烈的对比。由于布置天然石材和观赏性草本植物的方法灵活多样，您几乎能够针对每一种设计情况，找到相应的组合方式。您可以选择地杨梅属的植物，特点是草茎宽阔、植株生长较为矮小，也可以种植花序高高挑起的蓝燕麦草，营造一种轻松不羁的气氛。您可以用羊茅属植物来布置出一球一球的低矮地垫，成片种植时就好像一整张绿色的地毯，草叶下垂的芨芨草也有类似的效果。

天衣无缝的拥抱

被修剪得整整齐齐的常绿造型植物环抱在当中，石质水球和圆形水池成了花园里一道独具一格的风景。整个平台区域的特点在于其比例协调、造型完美。水池周围常见的锦熟黄杨绿篱带修剪成圆形，紧紧地贴着平台基座，设计巧妙，天衣无缝，成功地将圆形图案复制到了四周环绕的草坪上。两颗球状的锦熟黄杨与水球遥相呼应，成为从直线型的造型修剪绿篱到几级台阶处的柔和过渡。尽管小喷泉本身就已经足够引人注目，花园整体的和谐魅力，其实还是来自单个造景元素。互相交错、此起彼伏的效果造就了一曲独特的合奏。无论对整体效果的影响是大还是小，园中各个部分的比例一定要恰当，尤其是在运用不同元素进行组合的情况下。不过总的来说，进行布局时，您仍要考虑到设计重点，也就是在一眼望去的时候，能让人感到特别醒目的元素（此处是池中抬高的水球）。将重点元素定位在显眼之处，也能取得这种效果。在这里，球一般浑圆的喷泉作为空间标记，以及平台在视觉上的延伸，占据了一个非常重要的位置。

造型之舞

图中的装置，看上去似乎在不停地旋转，是一个充满现代感的、非同寻常的大胆设计。在这里，出现在观者眼中的是一棵孤独矗立的大树、宽阔的草坪，还有一道欧洲鹅耳枥的绿篱，所有这些，将整个的布置纳入古典风格的框架中，让人不由得联想起风景艺术。蒿柳柔韧的枝条编织成陀螺状的雕塑装置，涂成彩色的表面给大片草地带来了跃动的色彩。背景处的草坪如同波浪一般起伏不平，使画面变得更为完整。这是在古典风格的舞台上令人瞩目的舞者，充满着自由的活力。

月季披风

带刺的白色藤本月季做成了一件披风，包裹着雕像的躯体，保护着她。种植在向阳地带弱酸到弱碱性的黏土中，藤本月季生长极为旺盛，超过一米的枝条上开满花朵。通过设置攀缘支架，您可以将藤本月季引到凉亭回廊，或是园墙上。藤本月季多刺，生长时枝叶自然垂下，给园中带来一股天然野趣。在上图中，美丽的白色月季与经过风吹雨打、旧迹斑斑的雕像十分相称，如同一件护体的披风，同时也增强了画面的审美效果。

尽善尽美的造型

上图的造型让人印象十分深刻！在绝大多数情况下，只要原则正确，少的效果比多要好。这个设计由两部分组合而成，一只巨大的陶罐，以及周边围绕的植物。令整个设计的效果得以完善的，主要是以下三点：协调的比例、造型的统一，还有足够发挥作用的空间。这件陶器的体积相当大，因此也需要相应的空间，在这里，它被放置在铺成圆形的天然石材地砖上。背景中的绣球花用它一簇簇球状的花朵，来回应着整体的曲线风格。环绕整个罐身的一圈圈线性结构，赋予陶罐一种动感，似乎它正在旋转运动中。

小花匠

这座人物雕塑正站在一个安全的角落里，用目光扫视着花园里发生的一切。即使怒放的绣球花稍稍遮挡住了这个小男孩，他站在那个重重保护下的地方，还是当仁不让地成为花园里最引人注目的风景。人物雕像给整个场景染上了一层戏剧化的色彩，让气氛活跃起来。为了避免花园变成戏剧舞台，在设计时，最好能够坚持恰到好处的中庸原则，增一分则过多，减一分则不足。图案结构丰富、自有其特色的植物能够帮助您找到合适的展示场地。

小建议

四季开花的盆栽花卉

以下几种植物效果不错，且便于打理：

- 一年蓬
- 墨西哥鼠尾草
- 大丽花
- 矮牵牛
- 四季草莓
- 牵牛
- 洋凤仙
- 棕红苔草

套叠的花盆

上图中，风光如画的布景环抱着花园中心的布置，层次分明的两重设计，配合着相应的各有特色的植物，给人的感觉像是两个上下相套、互相重叠的大花盆。环绕一整圈的锦熟黄杨绿篱勾勒出了下面“花盆”的轮廓，并且直接将上面的圆形花盆拥入怀抱。安置在高处的花盆便于盆栽植物完全向下生长，这里面的植物，您可以尝试一下倒挂金钟和飞蓬的组合，不太寻常，但十分有趣。在这个花盆里，将若干植物组合在一起，一般来说，效果比单种植物要更好。

在张开的月季拱门之下

上图的花园中，所有的视线都被引向园子中央的立柱，整个花园的空间布局，正是以这一极富装饰意味的石质元素为轴心，各个部分互相作用，互相衬托，成为人们眼中无法分割的整体。从适当的角度观察，花园的布局轮廓鲜明，各部分之间定位清晰，比例协调，极具画面感。整个设计最精彩的部分是月季拱门，它使背景中方形视窗生硬的线条感变得轻松活泼起来。如果您也想如图中所示，在花园中布置多个攀缘着月季的拱门或拱架，您可以选择种植不同颜色和品质的月季，给花园带来多姿多彩的色泽和气氛。月季花目前品种繁多，不胜枚举，并且每年还都有无数新的品种不断加入这个大家族。不过，为求保险起见，选择那些栽培历史悠久、经过考验或是广受好评、荣获园艺专业奖项的品种，您无论如何会收获满园花朵！藤本月季中堪称经典品种的“传统 95”，丛生花多，重复开花，花形为半重瓣，色泽艳红如血。作为鲜明强烈的对照，您可以选择纯白色花朵的品种“完美艾尔西 · 克罗恩”，而在两者之间栽种柔和的淡红色罗桑纳，能将红白两种色调巧妙地糅合在一起。

小建议

条条小路通往梦之花园

园中的小径不可或缺！无论是开垦种植，还是日常维护，都需要设计许多通道。将花园分区正是总体设计思路的结构划分。园中的主路，一般来说都会铺上石板或是简易的砂石路面，而其他一些辅路、小径或是植物区预留的养护通道，则可以随意选择铺上几块踏脚的石块、木板或者索性撒上鹅卵石、碎石子、碎树皮或是木屑。

引人入胜的展示

图中的设计效果十足，美丽而又迷人。看上去纤瘦柔弱的捧花女孩，似乎拥有常人难以理解的超凡力量，她把体积大得不合比例的石质花盆高高举起，这样，从园中的任意一个角度，都能看见空中的大石盆，盆中盛开着南非半边莲。围绕着女孩雕像的，是层次分明、深浅不一的绿色调植物，与石盆中深蓝的花朵互相映衬，光是这鲜明的对比，就让人目光久久停驻。雕像的身材娇小，却散发出一种无形的静谧力量，充溢在整个花园空间，让人稍稍屏住气息。这里是整个设计的焦点，观者的目光会在第一眼就被牢牢吸引，无法移开。在这个花园里，整体结构和单个细节安排都是固定下来的，但是通过经常更换石盆中的植物，您可以给花园，或是您的露台，带来额外的动感、变化和亮点。将盆栽植物抬高到地面以上，造成它在空中飘浮的效果，是从美学角度取得提升和突破，同时刻意引导观者感觉的一种很有效的手段。由于类似这样的花盆、盆泥和植物，本身的重量就相当可观，再加上特定的静力学条件作用，您在具体操作时，一定要采取相应的保护措施，防止雕像托着的盆栽植物侧翻，掉落下来。

小建议

蕨类——永远美丽的常绿植物

蕨类植物，作为您花园中理想的重点植物，适合栽种在多阴地带，树木之间或是树下，渗水性和透气性良好，并且富含腐殖质的土壤中。

常绿蕨类植物的种类和品种：

· 欧洲鳞毛蕨
· 对开蕨
· 贯众

多姿多彩的蕨类植物

其实，无论是图中造型古典的陶罐、叶片宽大的玉簪花，还是常见的鳞毛蕨那漏斗形的狭长叶片，都称不上是这个花园里唯一的亮点。正是形态各异、色泽不同的多种元素结合而成的统一整体，才让这个花园的结构有了与众不同之处。蕨类植物喜阴，要求土壤的渗透性良好。在园艺布置中，使用蕨类植物最大的优势就在于，用它来填充空间、遮盖背景，效果都极好。如果您希望遮挡花园中的某些地方，或是想在树荫下描绘一片郁郁葱葱、活力旺盛的植物组图，野生蕨类会是您正确的选择。不过，请不要忘记过冬时采取必要的防寒措施，加以保护。

令人沉醉的三重唱

图中，两个不同品种的西伯利亚鸢尾花在园中优雅地盛放；造型优美、风姿绰约的石头雕像在花丛中高昂着头，伸展着她的身姿。石雕和植物无论从形态还是色泽来看，都十分近似，而凸显在画面中的盛开的花朵则使石质雕像有了一种动感。用植物来直接配合雕塑，或是其他艺术作品，从园艺的角度来说，称得上是个小小的挑战，设计得好的话，能够赢得非常出色的效果。您可以从花朵的形态、叶片的形状、生长的姿态，当然还有花的色调等各个方面着手来选择植物，搭配您心爱的艺术品。当然，并非每种半灌木都能像园中的鸢尾花这样令人迷醉。不过，还有一些姿态优美、个性鲜明的植物，比如说蓍草、火炬花、俄罗斯糙苏以及美婆婆纳等，都十分适合种在园中，作为露天空间里艺术作品的背景植物。您可以选同一种植物的不同品种，通常在花朵的颜色上有细微差别和变化的，用它们来围绕您的艺术品，作为您想要表达的基本的形态语言。您可以带上艺术品的照片或图片，挑选植物时用来作为参考，很有帮助。

来自遥远东方的和谐之花

石雕的佛像面容肃穆，内心无比宁静，佛像之上是一树怒放的山樱，美得动人心魄。画面的前景处，还有一丛白色的水仙花热热闹闹地盛开着。佛像在铺天盖地的鲜花簇拥下，仿佛高高在上，昭示着无比的满足感和内在的安宁。对于东方风格的雕塑，尤其是那些在佛教中蕴含深意的雕塑作品来说，樱花的地位显得尤为重要。樱花的花期生命，从含苞待放，灿烂盛开，到最后的凋谢，恰好象征着人类生命的轮回，对应着人生中春风得意，或者黯然失意的每一个瞬间。日本山樱这个品种的樱树并不挂果，这一点与落户本地的樱树刚好相反，从这个角度来理解，倒并不足为奇，不结果实的理由，是为了樱花开得更多，更美！日本山樱中，最知名的，花朵最为繁密鲜艳的，当属开山樱、菊花垂樱以及白普贤樱等几个品种。相对来说，樱花对土壤的要求并不高，除了喜阳光之外，对种植环境也没有过多的苛求，您几乎可以随意选择地点栽下这风姿不凡的花树，来让它唤醒那里的无限生机。

小建议

雕像和艺术品的选择

为了避免过分随意，或是风格上的冲突，在选择雕塑和艺术品的时候，您一定要随时考虑，它是否适合整个环境和总体的风格。古色古香的艺术品适合传统风格的园林；曲线感十足的浑圆罐身，刚好与浪漫风格相配；而棱角分明，或是锈迹斑斑的设计，则属于现代风格的花园。另外，要注意的是：一件具有独特风格、被刻意安置在合适地方的艺术品，产生的效果，比杂货铺式的、胡乱堆砌在花园里的艺术精品要好得多。

亲密的拥抱

究竟是这只造型朴素，充满乡野风格的陶罐倚在雪山八仙花旁边，还是这种大丛的绣球花靠着陶罐呢，这个结论来自您观赏的视角。不过无论如何，对于生长在中间的那棵美国木豆树来说，这两者都给予它诱人的护惜的拥抱，这对于难耐风霜的幼嫩小树，尤为关键。反过来，树荫也帮绣球花遮挡炽烈的阳光，这正是对它来说最为重要的。而所有这些花、树与艺术品，给整体空间带来充实的效果。初夏时分，美国木豆树铃铛形的雪白花朵渐次开放，让园中的景致闪烁着点点白色的光亮。而美丽的绣球花，甚至可以一直盛开，直到夏天过去。

> **小建议**
>
> **难道只有睡莲吗？**
>
> 合适的水生植物只有睡莲吗？当然不是，不过在深水区域（水的深度超过 80 厘米），睡莲仍是当之无愧的首选。它天生就属于花园中的池塘。尽管如此，我们还是有一些其他的美丽选择：
>
> · 菱角
> · 马尿花
> · 荇菜
> · 凤眼莲

流畅的过渡

这是一个细节丰富的美丽花园，园中四散分布着各种造景元素，通过狭长的水池融合在一起，成为一个绿色的整体。除此之外，这片主要种植着睡莲和睡菜等水生植物的池塘，与露台处于同一高度，这样一来，就在纵向上延伸了露台较高的地势，于是自然而然地，将花园里地势较低的区域围在当中，形成一个建筑上的坡度。浓绿的洋常春藤顺坡攀缘而上，在池塘上方与其他植物共同生长，如此一来，园中单个的造景元素进一步融合到一起。同时，密集的常春藤能掩盖加固和支撑斜坡的人工建造痕迹。

高低起伏

座椅区的设置必须要有稳定的依靠，在周围环境中，要有具体清晰的定位，从而营造一个私密、舒适且兼具功能性的休闲区域。如果您将座位安置在园中地势较高处，视野开阔，就能尽情地观赏花园的全貌，让风景尽收眼底。但是上图中的情况则刚好相反，此处的座椅区被安放在地势逐渐降低的一小块低洼空地中，四周绿树草坪环抱。这样的布局，一方面轻松地满足了开头提到的两个条件，另一方面，同时还有类似的座椅，被相应地安排在园内别的区域，因而，局部设计完全从属于此处公园风格的整体结构。地势较低的位置还有一个优势，那就是作为屏障的绿篱根本无需太高。在您安放座椅之前，首先必须要确定的是，这里的座椅，在您的整个花园中究竟占何等地位——您安排座椅的主要目的是什么。在占地宽阔的大花园里，从这里的座位，信步逛到那里的座位，应该很有意思；而布局紧凑的小花园，设置一个中心座椅区就足够了。图中低洼处的空地，除了通过台阶，也能从平缓的斜坡这头轻松进入。在场地狭小的情况下，一般可以安置一道挡土墙来作为支撑。而欲设计造型优雅、使用舒适的楼梯，要点就在于：梯级平缓，踏步宽大。

内圈的空间

为了突出重点，将大块的面积划分成较小的区域，就显得十分重要了。您可以通过铺设不同的地面材料，或是隔断的方式，来体现分区的效果；也可以像图中所示，将局部区域从整个布局中提升出来。通过这种方式，您可以从功能上将不同的区域分开，或是突出某个单独的空间。图中的座位和凉亭之间的关系一目了然。在花园的上一层，植物区使整个场景富有生气，而在下层，这个任务则由可以灵活摆放的盆栽植物来完成。通过这种方式，整个空间的设计显得统一，紧凑，张弛有度。

被隐去的阶梯

在左图中的花园中，无论是谁拾级而上，走得越高，就越接近那沐浴在温暖阳光中的露台，接近这园里的美好所在。布置在高处的靠椅似乎与世隔绝，只有顶上的紫藤花亭亭如盖，洒下一片绿意，的确是个舒适与雅致兼备的休憩坐处。常春藤的枝叶掩盖了每一级台阶的边缘，给整个空间勾勒出一道绿色的轮廓线。稍微错开的楼梯层级给人以稳重大方的感觉。除此之外，用这种方法，还能将楼梯和平台的造型设计得更为生动，并且更好地适应周围的地形——当然，我们也拥有了更多的空间，用来安置那些别具特色的装饰品。

座无虚席

图中的设计几乎完全照搬了体育场看台的形式，在这里，人们的目光自上而下，越过许多台阶，投向下方中心的“赛场”。正巧，在宽阔的草坪上，安放着一件抽象派的雕塑作品，从抬高的视觉角度来欣赏，才能领略它最佳的艺术效果。不过，整个看台的阶梯上，几乎已经没有空位了，一片缤纷的花海，由万紫千红的植物汇聚而成，已经几乎将所有位置占满。艺术品上的球状形态，由盆栽植物复制下来，向花园上方的空间依次传递；同时，水平方向上铺设着一根根木条，把两边各自独立的植物区连接在一起。

棱角分明

庭院中的神农箭竹色调深浅不一，层次分明，朝着木质露台的边缘蓬蓬勃勃地向外生长。箭竹丛下，铁皮镶嵌的围边棱角方正，强化了竹类植物在此地展现出的那种异国情调。铁皮的金属色泽与屋顶的颜色相呼应，在主体建筑物和植物区之间建立起内在的联系。设计师通过刻意加高整个植物区，再一次强调了竹子挺拔向上的生长姿态。整齐而随意铺设的鹅卵石，给露台勾画出简洁的轮廓。竹类植物几乎能在各种环境中存活，它对生长条件的要求相当低，并且极为耐寒。不过仍然需要避免积湿的土壤。在庭院中种植竹子，您一定要将它牢固地围住，避免它发达的根系过度蔓延。

斜坡上的绿地

上图中，室内与室外的高度差别相当大，设计者将大大小小、球状造型的锦熟黄杨植株错落有致地安置在斜坡上，并用密密丛丛的常春藤把这些圆球牢牢包裹在中间，因而从视觉上有效地缓和了整个坡度，使这个斜坡多了一点轻松生动的感觉。对于混凝土石板铺成的露台和阶梯来说，这应该算是非常成功的鲜明对照；大小各异、高低不同的球状黄杨也会令人产生错觉，几乎意识不到斜坡的实际高度。常春藤非常适合作为水平和垂直平面的绿化植物。当太阳的光线照射在常春藤那深绿色的革质叶片上时，产生的效果如同一片波光粼粼的绿叶之海。由于常春藤几乎能够在任何条件下生长，并且非常适合城市中的环境和气候，总体上来说，它属于对环境要求很低的植物，您可以放心地将它种在其他植物中间，或是树木底下以及任何能派上用场的地方。不过，常春藤不喜阳光直射，或是严重的霜冻，尤其在它生根生长的阶段。分别种植在台阶起始两端的四棵岩白菜进一步产生了一种软化线条、融合气氛的效果。作为一种花色艳丽的耐阴赏叶灌木，它的地位几乎无人能及。只有以这样完美的绿色斜坡当作背景舞台，前景处的灌木植物才能尽情而耀眼地绽放它们的美丽。

小建议

观赏绿叶的艺术家

为什么一定要种植花卉呢？我们有这么多品种各异、养护简便、姿态迷人的赏叶灌木可供选择，例如被称作“银毯”的绵毛水苏花叶玉簪、银灰鼠尾草，以及白蒿等。

木板上的菜畦

踏过设在此处的一条木板小径，您可以直接走进大叶蚁塔（又名大根乃拉草）的天地，这种植物看上去像是一种味道发酸的蔬菜生长变异的产物。在上图中，一条简易的木板小径平平地架空铺设在地面以上，供人踩踏行走，进入一个天然的所在。需要注意的是，您一定要随时保留通风的缝隙，这是木质结构的设计能够长久保存的必要条件。此外，如果您像图中所示的一样，让设计的承重部分从木板上凸出来，与木板之间留出一定的间隙，这样，您的植物和木板小径之间，就有了恰到好处的分界。

与石为伴

在地势高低不同的地方，如果在中间设置一道墙，会显得比较生硬严肃，而修一道开放的斜坡，并且栽种上植物，则会带来完全相反的效果，让人觉得柔和许多。其实还有一个折中的方案，效果恰好居于二者之间，那就是使用石头来处理——必须强调的是，要用天然石材。可以是纯天然的漂砾，也可以是加工过的石块。这二者都能用来支撑加固地形的坡度，并起到画龙点睛的效果。石块甚至还能给好些种类的植物提供适宜的——比较温暖的生长环境。另外，石头中通常含有丰富的石灰质成份，这一点也不容忽视。用天然石块来布置斜坡时，应当尽量选取大小各异、色泽不同的石头，这样能够造成参差多样、变化多端、富于趣味的效果。在上图的花园里，白色郁金香的旁边散落着几棵科西嘉圣诞月季（又名铁筷子花），与石为伴，怡然自得。科西嘉圣诞月季的花序呈伞状，顶部萼片色彩分明，鲜艳夺目，拥有一种别具一格的美感。在石头花园中，无论把它种在墙前，或是树间，这种植物都会成为令人瞩目的焦点。它对环境有个唯一的条件：温暖、向阳的地方，以及渗透性良好、富含石灰质的土壤。在园中使用壳灰岩、石灰岩，或是砂岩的天然石块，能够从这方面来改善土壤质地，不失为一种成本较低的解决方案。

筑墙

如果您的花园地形高低差异很大，要想解决这个问题，并且同时划定花园的布局结构，筑墙是一个一劳永逸的解决方法。墙还可以将种植区抬高到另一个平面上，并且把高低不同的空间区域直接连在一起。是使用天然石块、混凝土墙体，还是清水混凝土，可以完全根据您的个人喜好来决定。同样的道理，您也可以自由选择造型规则的砖砌墙体，巨大的、形状不规则的石块垒起的墙体，碎石堆砌的墙，或者是复合墙体。通过栽培植物，或种植一些攀缘植物，可以给视觉上显得较单调的墙体增添一些生气，使它能更好地融入花园的整体环境。一般来说，用天然石块干砌的墙，效果比较自然随意，而灰泥抹过的光滑墙面则给人更为时新而且实实在在的感觉。上图中，这个花坛，台阶和露台的组合表现出了墙体的一些优势。方方正正的砂岩石块，围成造型优美的弧形花坛，墙体是上下两层堆砌的结构，这个高度，正好让它十分自然地向露台延伸过渡。花坛、台阶和露台使用同样的石材，使整个花园如同一体。花坛前面的墙体，是用干砌法将石块简单地垒起来，而后面的墙体，考虑到稳固的要求，则在砌合石块时使用了混凝土砂浆。

五彩缤纷的鲜花梯队

要想强调或者解决地形高度上的差异，不仅仅可以采用建筑上的方法。您还可以利用植物的高矮不同、来编排成合适的梯队，根据地形的特点进行独一无二的设计。植物的生长形式多种多样，有的笔直挺立，有的蜿蜒匍匐、藤蔓交错，有的枝叶垂落，有的密集丛生，还有的伏地蔓生，如同地毯一样铺展。多样化的植物世界，给我们提供了几乎取之不尽的选择，让我们可以很好地利用植物不同的生长特点，划分层次，突出重点，将种植区域布置得充满动感，变化多端。上图中，地势较高的花坛里，设计者将五彩缤纷、雅致迷人的花卉植物布置得层次分明。在这里，植物呈阶梯式排列，作为一种有效的设计方法，给人留下很深的印象。毛叶蓍草色泽明黄，最显眼的则是高高挺立的穗花翠雀，这种植物花序呈葡萄状，十分引人注目，它喜爱充足的阳光，以及养分充足的土壤。初开花后随即修剪，修剪后只留下基部，这样可以充分刺激这种受人喜爱的美丽灌木，使它在秋天二次开花。另外，您还可以在附近种植秋菊，菊属植物的品种非常丰富，它的花朵能与亮蓝色的翠雀花形成极美的对照。如果多一点好运气，您的菊花也能一直盛放到深秋季节。

小建议

如何利用地形高度差

您可以在地形高低起伏的地方，顺着地势设置休闲座椅或长凳，将美观结合进实用的解决方案中。用这种方法，可以把斜坡变成供人坐下的台阶，将半高的花坛围墙设计成长凳，或是把池塘边缘改造成阳光躺椅。

绝妙的方形设计

尽管分明的棱角给人一种稍显严肃的感觉，上图中的设计仍然在三个不同的层次上，营造出一个十分活跃的场景：由平平的地砖构成的整片地面，由一个个立方体围成的植物区，还有一个方方正正的水池。将各个区域空间连接起来的，是一道小小的人工瀑布——看上去好像从花坛的植物区发源。园中所有植物的布置都抓住了这一原则，作为点睛之笔，植物在每一个平面区域都有别具特色的表现。在一棵高茎月季和一棵鸡爪槭之畔，蛇鞭菊总能引来人们惊艳的目光。当然还有蝴蝶翩翩的身影！

小建议

碧绿的草坪

只需四个步骤，您就能拥有完美草坪：

· 选择合适的品种：装饰型、通用型、耐踩踏型以及大面积保土护坡型的草坪

· 定期修剪（不要在阳光直射时修剪草坪，修剪时最好是干燥的状态）

· 松土，并施氮肥（4月，6月）

· 每年一次，让您的草坪充分生长，再进行修剪。

草坪台

这一片草坪如此亮眼！四面镶嵌着钢质围边，周围是一圈整整齐齐的石头，这片草坪看起来绝对与众不同，远远望去，仿佛是一个正规的舞台。类似这样的草坪设计，几乎不受踩踏之扰，一般是在地面铺设拉开的成品草皮。另外，铺设这种草皮之前，可以事先丈量绿化面积，按照所需要的尺寸，将草皮精确地切割成型，铺好之后，它的外观均匀一致，效果很好。通常市售的是成卷的草皮，从装饰型的草坪，到耐践踏的运动型草坪，品种很多。此外还有专门适合种植在多阴地带的草皮卷。使用相应的肥料，这种草皮生长也很茂盛，能一直保持生机。

芒草腰带

设计者将一段段红砖矮墙和绿篱交替着连接起来，把大丛大丛恣意生长的芒草牢牢控制在当中——红砖与绿篱连起的矮墙，同时也成了花园中一道美丽的风景。这矮墙就像一条勒紧的腰带，绕着植物丛生的小岛，使它的内部稍稍拱起。如此一来，性喜阳光的悍芒显得更为庄重大方。此外，这条腰带也从视觉上平衡了芒草的高大植株，并且制约着它的生长。这一点事关重大，因为这种植物的空间扩张能力极强、根系生长强劲，以至于可能给其他植物，乃至地下管线造成损害。您可以在土中加上防根穿刺层，来应付这个问题。这种防根穿刺层大多数是用无纺布制成，您在挑选时要注意的是，它的材料，必须能够耐受竹类和悍芒的根系穿刺，而且应当不含任何有害物质。悍芒基本上属于养护较为简单的植物。不过要想让它抽出新芽，您还是应该在早春时进行适当的修剪，越冬时最好留下整个草茎，因为冬季短剪有可能导致植株因霜冻受到损害。

小建议

葱属植物多多益善

葱属植物花色艳丽，香气宜人，美味可口。不论是熊葱、虾夷葱，还是细茎葱，几乎没有哪种植物能像它们一样，给人们的感官带来如此全方位的刺激。葱属植物从不会令人失望！您最好将它种植在别的灌木中间，起到画龙点睛的效果。所有品种的葱属植物都喜光，喜肥沃土壤。以下品种适合那些热爱花卉的园艺迷们：大花葱、垂花葱、黄花茖葱、波斯葱以及宽叶葱等等。

金色之路

眼前的美景几乎可以称得上扣人心弦，这条由许许多多鹅卵石铺就的小路，在金链花树的低垂帘幕之下，似乎正试图通往那心中的圣地。名为“紫色惊艳”的细茎葱伴在路旁，傲然开放，令整个场景展现出一种非同寻常、独具特色的格调。最让人叹为观止的，是设计者利用植物的重重幕布，将小路尽头的雕塑搬上了舞台。观赏花葱呈球形的伞状花序，与一颗颗浑圆的鹅卵石搭配得十分和谐，窄窄的小路两旁，镶着石板的围边，清清楚楚地勾画出路的方向与轮廓。金急雨那满树金黄的花朵可能是艳丽无比，但是这种花繁叶茂的树木，上上下下都含有毒素，因此绝对禁止在儿童游乐园附近种植！不过，金急雨种植在大型花园中、阳光充足的后园里，或是在您的花园中小范围地落户，还是能保证安全的。在园艺设计中，通往既定目标的园中小路，应该属于一种具备自身独特效果的元素。为了强调路的终点，或者突出小路本身，您可以布置一些装饰、植物和其他元素，用来收束观者的视线——比如说，一道枝叶攀缘缠绕的拱门，或者像这个例子中，纯绿色的帘幕。

万能的鹅卵石

鹅卵石几乎能适应任何地形条件，呈现出一幅轻松、自然的画面。跟鹅卵石搭配得最完美的，一般是那些喜欢阳光充足、温暖环境，并且要求土壤渗透性好的植物，例如薰衣草、波斯葱、羽衣草等等。鹅卵石的结构光滑细致，能与周围的植物很好地融合在一起。如果需要中和一下过于严密或者生硬的建筑形态，特别合适的方法，就是铺上一条卵石小路。您甚至无需考虑小路两侧的围边，因为鹅卵石本身就能提供非常流畅的过渡效果，衬托着两旁茂密的花草，让植物的美妙之处充分发挥出来。

动感十足的台阶

上图的台阶以一个令人舒适的角度向侧面分叉，分成主台阶和分台阶。台阶踏步上鹅卵石铺成的图案十分引人注目，整个图案结构轻松活泼，与宽宽的混凝土石板台阶边缘形成了鲜明的对比。叶片细小的常春藤进一步强化了这一设计思路，同时给整个台阶区涂抹上一层绿意。由于建筑设计的原因，石头台阶一般显得牢固，占地较大。在台阶中间设计一个较为轻松的平台，再加上四周的绿化，能够让以实用功能为主的台阶同时富于装饰性。

横纹小径

这是纯粹阳光的颜色！金盏花与高高的莳萝密密丛丛地生长在一处，在最灿烂的阳光下绽放着最美的花朵。一道窄窄的小径从花丛之中蜿蜒而过，几乎让人难以察觉。铺路的地砖材料富于变化，也产生了这种效果。踩上这条小径之初，似乎并不知道它通往何处，每走一步，便探出一小段路来。这样美妙的感觉，刚好配得上金盏花神秘的特性，它本就是作为药草植物而知名于世。这种天然风味的场景设计，无需给小径加上围边，两旁的植物就是小路最完美的镶边。

因地制宜的树皮

在种植蔬果或其他作物的园中，如果使用光滑坚硬的地砖等材料来铺路，效果会显得生硬，与花园中作物生长的天然风致格格不入，对比太过强烈。因此，在计划种植作物的花园里，您可以选用松散的材料来铺撒在地上，形成园中道路，不仅气氛更为和谐，而且从实用角度出发，这样的小路踩踏上去也足够结实坚固。细小颗粒的碎石子或鹅卵石，或是木质材料，例如碎树皮和锯木屑，都十分适合用来铺路。搭配着两侧翠绿的锦熟黄杨树篱，这些材料在画面中铺就了一条无比和谐的小径。

踏花而去

园中的小路可以用来分隔，也可以切割空间，可以引向或是连接另一区域。例如上图中，两个植物区分别独植着玉簪和绣球，视觉上是一个整体，通过一条小径，可以从一边跨越到另一边，而这条踏脚石板铺成的小路，设计风格也与植物完全统一。一块块天然材质的多边形石板，给人提供了稳固的落脚点，而一颗颗圆溜溜的鹅卵石，则填满了小路中间的缝隙，组成的图案轻松活泼，隐隐约约使人联想到绣球花那球形的花朵。石板之间多留一点空隙，可以布置出轻松、开放、完全适合天然风格场景的园中小径。而中间的缝隙，您可以像图例中所示的那样，使用另外的材料来填充，或者种上相应的植物。当然也可以配合您的整体设计，就让缝隙空在那里。如果要栽种植物的话，一定要选择耐踩踏的品种，比如白花景天（玉米石）“红毯”，或者是高加索景天的某些品种，像卓越白、红叶景天等等。另外，您知道吗，决定绣球花颜色的是土壤的酸碱度。pH 值较低时，绣球花呈蓝色，pH 值较高时，花朵则为粉红色。

水边石板路

沿着池畔溪边行走，不仅仅是为了浪漫。您当然也不希望，每一回莳花弄草，路过水边时都会打湿双脚。像上图中水边小径的设计，自然是取决于水面状况，还有总体的设计意图。多边形的天然石板或者石块，呈现的是纯粹的自然风味，当然也可以用四边坚硬、表面光滑的石板来体现更为现代的感觉——这是两种截然不同的风格，但是能达到相同的目的：让人能够在近水区域安全地行走。在上图充满田园风情、几近自然的设计中，天然石板小路将池塘的轮廓描画出来，这一重独具风味的轮廓线条本来已被池边生长的植物掩盖。您还可以利用断断续续的石板路中间的空隙，来布置一幅迷人的水边植物全图，例如种植生性喜爱水边和潮湿低地环境的日本报春。报春与深蓝紫色的燕子花混合栽种，色彩浓烈，交相辉映，而群植的短瓣千屈菜和泽泻则可以作为背景，给它们提供一个无比美丽的取景框。

小建议

舒适的台阶设计

要将台阶修建得既舒适又实用，除了选择不同的建造方式之外，最重要的应该就是确定台阶的坡度。台阶设计的基本公式是下面的步距公式：

步距长度 = 2 x 踏步高度 + 踏步宽度

步距长度在 63 到 65 厘米之间，应该算是较为舒适的，当然这个数值可以向上或者向下浮动少许，并不会产生大的影响。

宾至如归

庄重大方的欧洲鹅耳枥绿篱拱门背后，花园空间敞开着怀抱，安详静谧，仿佛充满期待。打开花园之门的，正是那两级石阶，台阶由石质坚硬的玄武岩凿成，石上长满青苔，经年风霜刻画出斑斑驳驳的石面，算得上是一种迷人的岁月痕迹。几个陶制花盆散放在各处，与红色陶土地砖搭配在一起，加上园内布置的座椅家具，令设计风格显得更为圆满完善。这些细节的布置，给整个花园增添了一种气氛，让宽大的石头露天平台变得充满活力。台阶的主要功能是连接高度不同的地面，除了满足这一功能之外，您还能让它成为园中一道亮丽的风景，方法就是：利用踏步、平台和斜梁，来布置摆放盆栽植物以及雕塑艺术品，让植物占据台阶的领地，并且在较长的一段台阶中间设置平台。建造台阶踏步可以使用实心石块，也可以外铺一层地砖，或是用石块铺砌的方法来搭建。图中的台阶设计，小巧而不失精致，搭建时选用形状极为近似的碎石块，将它们小块小块地拼在一起，排列成单级石阶，从而巧妙地打破了整块石头台阶的呆板感觉，给人以轻松而富有活力的印象。

鹅黄翠绿的通道

砖红色的路面几乎大部分都已隐去。小路两旁，大丛的羽衣和鸢尾花蓬蓬勃勃地生长，挤占着空间，就这样遮住了一多半陶土地砖铺成的风格轻松的小径。不过这并不要紧，正因如此，设计者将生命力注入了这条小路，这条本来从实用角度出发而设计的，通往园后温室的必经之路，现在也成为空间布局的元素之一。小路与横跨路中，爬满攀缘植物的拱门一起，让这座花园拥有了除温室之外的第二个重要建筑元素：绿色之门。种植在路两侧的羽衣草，作为小路的围边，堪称完美！您还可以种植一些精心挑选的色彩对比鲜明的灌木植物，例如桃心形叶片的展叶风铃草，或是老鹳草，来绘制一幅特别完整的、引人注目的植物图景。羽衣草喜爱黏性土质或湿润或潮湿的土壤，主要生长在向阳的地段。一阵骤雨之后，雨珠落在圆润、柔和的羽衣草叶片上，宛如一颗颗珍珠在阳光下闪耀，构成一幅绝美的图画。

小建议

关于小路的入门知识

- 确定路径的宽窄尺寸时，首先要考虑设置小路的相应目的，请不要超出必要的宽度。
- 作为连接通道的路径，至少要有 1 米宽，石板路大约 0.60 米宽，而园丁养护植物的小径大约 0.40 米宽即可。
- 小路必须打好稳固的路基（铺设矿石混合物垫层厚度至少 20 厘米）。
- 注意小路的坡度要求（标准值为：1% 纵向坡度，2% 横向坡度）。

走进自然

甫一踏上这条窄窄的小径，人们便仿佛置身于大自然的风景之中。或是处身这样一座花园里，也能让人产生如此的幻觉。这条小路十分低调的设计，也是让人产生这种感觉的重要原因，因为小路产生的视觉效果，通常大于它的实际尺寸，如果没有非常大的整体空间来作为对比的话，一般说来小路会过于显眼，而影响到其他的景致。不过，图中的小路从属于最为突出的造景元素——此处是水岸宽阔的天然池塘，因而失去了它的独立比重，非常完美地过渡到整体设计当中。路中间踏脚的石板，与石缝中生长的景天科植物交织在一起，染就一路黄色的印迹，几乎隐去了小路的本来面目。

巴洛克风格的植物绘画

每一种设计风格都必须通过合适的舞台来展示。在上图的花园里，植物，加上适当的石材元素，就相当完美地完成了这一重要任务。园中种植着各种色彩艳丽的灌木植物，茎杆笔直向上生长，例如大花朵的密花毛蕊草、蜀葵，还有展叶风铃草等等，构成一幅色泽鲜明、生机勃勃的布景画面。丛生的灌木以其五彩缤纷的色调，加上尤为繁密的花朵，恰好与墙面巴洛克风格的浮雕石块搭配得十分完美，成了它们的展示舞台，天衣无缝。墙砖的色彩低调简明，也能进一步加强这种效果。事实上，建筑的风格越低调，在植物的选择和布局上就可以愈加大胆艳丽。前景处有意减少了植物，这样就将视觉焦点集中引向墙的方向。此外，花坛围篱的本身就已经作为一个亮点呈现出来。花坛四边围着双色的紫叶小檗树篱和上有装饰图案的低矮石栏，坛内栽种的蒿属植物如同绿色的小小山坡，将一棵独植的高大树木拥在中央。正如图中所示的那样，您在布置造景元素时，一定要相应地选择适当的背景环境。

香花药草的盛会

花园中的药草和香草，其实不仅仅能为您提供各类芳香物质、香料或是有效的药用成分。它们拥有别具一格的花序花型和茎叶的生长形态，能让花园更为多姿多彩，因此在园艺植物中的地位尤为重要！仅仅是此处傲然挺立的一丛虾夷葱，它那美丽盛开的红色伞形花序，就足以说服人们，应该在花园中为这样的草本植物预留下举足轻重的一席之地。也许同样能够说服您的，还有那散发着浓郁甜香的鼠尾草。跟许多曾为野生灌木的园艺植物完全不同的是，只要条件允许，药草类植物仍会依照大自然的韵律自由生长。在适当的环境中，您可以设计拥有一个美丽而实用的天然草药园，同时也是一座风味十足的厨用调料香草园。图中恣意生长的药草和香草，刚好与里外两层、高低错落的界篱形成鲜明的对照。界篱的设计使药草园地与花园中相邻的区域拉开了距离，同时也给篱内的草本植物足够的空间，让它们自由生长——并且能够引人注目；树篱围成的园地恰好如同一幅大大的底版，各类药草一一安置其上。正如上图所示，修剪得高低不同的忍冬和欧洲红豆杉树篱能够在您栽种这类药草植物时，提供一个非同寻常，但是非常优雅合宜的背景环境。

小建议

深浅不一、色泽各异的绿色

您可以尽情地把玩运用各种常绿植物，独植的乔木（阔叶）以及蕨类植物那林林总总的绿色调。这些深浅不一的绿色，混合在一起的效果十分吸引人。比如说将欧洲山杨作为独植的树种，用修剪成立方体状的欧洲红豆杉强调一点整齐的风格，再用另一品种的四季黄红豆杉和金叶鹿角桧作为天然风格的点缀，并在树下种植红盖鳞毛蕨。最后您可以栽种常春藤灌木，将所有这些绿色植物联结成一个统一的整体。

绿墙

在右图中，前景处的绿色植物品种各异，姿态纷呈，被两级高墙一般的绿篱框起来，围在当中，静静地展现着它们的魅力。修剪得造型整齐的绿篱上开着一个小小的视窗，可谓十分趣致有心的细节，通过这个开口，人们可以将视线投向邻近的花园空间。也正是这样一个小小的窗口，使树篱显得不那么循规蹈矩。有可能的话，树篱围墙看上去最好不要过于密实厚重，您可以将它从中间截断，分出高低层次，或是在最初选择树篱植物的时候。就注意一下它们生长的疏密程度和透光性。耐修剪的阔叶乔木，例如欧洲鹅耳枥或者是栓皮槭等绿篱树种，一方面能透过视线，另一方面叶片颜色浓淡不一，色泽变化多端，相当有趣。此处尤为迷人的，是圆球和直线条之间鲜明的对比。尽管植物的品种、形态、色泽都多种多样，总体来说还是融合得很好，并不显杂乱，这就要归功于反复重现的绿色基调。要是您希望通过树篱给种植区域设立屏障，并由此加强植物的效果，与此同时，一定也要注意树篱植物的叶片和生长形态。如果离得稍远一点来观察欧洲红豆杉树篱，会发现尽管它枝叶细小，但是相比我们上文中提到的那些阔叶树种，红豆杉还是会带来更加封闭的视觉效果。

姹紫嫣红的片段

上图再次证明了锦熟黄杨的造型之丰富，几乎能被塑造成任意一种形状。通过精准的目测能力，以及对园艺技巧的纯熟运用，这个花园的布置给人无比深刻的印象。设计者的本来意图非常明显，他将整个布景的重点放在布局紧凑、色彩浓艳的植物上，同时也令植物置身于相应的环境之中，如同一幅画和它的画框。最前面占主导地位的，是球形的锦熟黄杨，而背景处则群植着山桃草、老鼠簕，还有矾根（又名珊瑚铃）。这些花草，与处于视线中心的那棵造型修剪得极富艺术气息的针叶树争奇斗艳，竞相吸引着游人的目光。在这个花园里，花坛围篱本身已经作为整体设计中的一个重要部分，拥有了自己独立的地位。花坛内种植的灌木和草本植物，超出围篱的高度越多，它在整体效果中体现的个体风格就越强烈。反过来说，造型丰富、密实厚重的围篱本身也会吸引众多目光。在与图中色彩斑斓、细节丰富的羽扇豆相似的植物中，您可以选择翠雀、独尾草或是栽种著名的毛地黄，来点燃这一簇簇缤纷夺目的花之焰火。不过您一定要考虑到，生长如此繁茂的花卉植物，需要足够的日照条件。

小建议

创意十足的花坛围栏

天然风味：

- 圆木、厚木板
- 天然石材（石块、石板等）

现代风格：

- 耐候钢（低合金高强度耐腐蚀钢）的钢条或钢板
- 混凝土墙板

或是索性更加与众不同的风格：

- 旧船的一段船身
- 彩色的合成织物聚酯纤维（PES）作为面料的布帘
- 一些旧的材料（屋顶铺的瓦片、旧木头门等）

赏心悦目的景致

图中的花园是以从前的修道院植物园作为蓝本，蒿柳枝条编织而成的篱笆，将药草类植物围在当中。这种形式的围栏篱笆，风格与植物的天然野趣十分和谐、安装简易，同时成本也相对较低。篱笆的高矮，最终是由植物本身来决定的，因为药用草本植物和与之搭配的灌木种类繁多，生长形态林林总总，很难设定一个统一的标准。在上图中，设计时一方面尽量减少使用的材料，另一方面将单个的花坛明显分隔开，同时任由花坛中的植物恣意生长，超越围篱的高度，从而形成视觉上的刺激和吸引力。如果您将篱笆木条刷上各种颜色的油漆，还会产生非常美丽的色彩效果。

层次分明的布局

图中植物的布置分为两层，将层次和各自的特点淋漓尽致地呈现在人们眼前：其中前景处，占主导地位的是狼尾草和抱茎蓼，而背景中最为夺人眼球的，则非粉红色的斑茎泽兰“暗紫”莫属。要想得到这样一幅图景，首先必须为它提供一个围边轮廓的框架。方砖砌成的齐踝高的矮墙，加上一道欧洲鹅耳枥的绿篱，共同营造出一种处于分隔与连接之间，极其微妙的平衡感。为了追求形态自然的效果，堆砌矮墙时，要尽量选择体积小的石块。

瓦篱花坛

将屋顶的瓦片垂直插入土中，砌成一道围篱，这可真是个绝妙的点子！如果瓦片本身是用过的，那它还会多出一种风霜留下的斑驳美丽的痕迹。更换一块破碎的瓦片十分简单易行。只要把它拔出来，再将一片新瓦插入土中大约一半即可。屋瓦本身的图案呈波纹状，色泽泛红，能给您的花园增添一种别样的气氛。屋瓦在当地的建材商那里，一定有丰富的选择。您也可以到拆除废弃厂房的工地去看一看，一般说来，拆下的旧料比新货品的价格更加合算。

红绿杂拌生菜

此处的双层花坛围边，看上去很不寻常。其中围住花坛一圈的，是两个不同品种的生菜（又称卷心莴苣），另一圈则是单行排列的铺地小砖。使用生菜来做围边装饰，其实非常适合这个蔬果作物园的特点。红色的菜头部分，令园中色彩的搭配变得灵动活泼，非常美丽。环绕生菜花坛一周的小径，让这个角落设计的效果真正凸显出来。除了这里的园艺生菜，您也可以栽种其他品种不同的菊苣，来设计一道趣味盎然，最关键是美味可口的花坛边界。

美丽的粉红色

图中，锦熟黄杨绿篱围绕的几何形状花坛呈对称分布，花坛中种植着美丽的郁金香。此处迷人的魔力所在，恰恰正是删繁就简，而又不失浓烈的色彩选择。生长健康、充满生机的锦熟黄杨，拥有美丽的浅绿色叶片。为了增强色彩效果，您可以将它置于体积较大的深色背景前。深暗的底子会把颜色衬托得更为鲜明，这样一来，您不仅拥有千姿百态的花坛围篱，也为花坛中上演的扣人心弦的色彩大戏创造出一个完美的布景。在此，您可以大胆尝试一下，种植绿色或是白色的郁金香。

小建议

色彩斑斓的原野

布置植物区的时候，大面积地种植同一种植物，效果常常要比零零星星地栽种不同品种的植物好得多。您可以在整片土地上，大量栽种色彩对比鲜明的植物。这样一来，植物的个体风格会显得越发强烈，并且在单位面积的土地上，植被更为密集。为了达到密植无间隙的视觉效果，每平方米土地上，一般栽种普通大小的灌木六到七株，如果是观赏型的草本植物，四株即可。

充满生机的原木风味

利用原木材料，您可以将多种不同的、生动活泼的设计思路变为现实。左图中的花园就向我们展示了这样的思路，这里的设计秉承天然风格，一条朴素柔和、低调得恰如其分的小径上，铺着细碎的树皮，在风格轻松的植物区中间蜿蜒穿过。枝头上朵朵旱金莲给画面抹上点点红痕，而整行摇曳的弯叶画眉草又给这景色增添了勃勃生机。画眉草是一种耐寒的观赏性草本植物，它那大丛大丛的草叶被柳条编制的篱笆团团围住。您可以购买到各种尺寸的柳编篱笆，如果要自己动手来制作，其实也并不复杂。重要的是，您必须使用蒿柳的藤条，只有这种柳条才具备相应的柔韧、坚实的特点，特别适合编制松散透光的篱笆。编制风干的柳编篱笆时，您可以选取几根较粗壮的柳条，作为篱笆中间的桩子，插入土中。然后就大致像图中这样，用柔韧弯曲的柳条围绕着经桩交叉穿梭，循环绕编若干层。如果您想要一道青绿鲜活的柳编篱笆，还可以如图所示，左边三根，右边三根，将柳条交替着斜插入土中，以便于柳枝生根发芽。小路另一侧的围栏用厚木板搭砌而成，与通透的柳编篱笆形成了相当美妙的对照。

小建议

多种多样的树篱

总是用针叶树和欧洲鹅耳枥来作树篱，修剪得造型整齐划一，实在是索然无味，毫无新意！枸骨叶冬青和欧洲落叶松四季常青，是常绿树篱植物的很好选择，而山楂树和高山茶藨子则非常适合作为夏季绿篱。

放大的双人长椅

您是否会愿意在一条背后毫无遮拦的长椅上就座呢？答案肯定是不愿意，因此，为您的休闲座椅区设置屏障，将它置于植物环抱的环境中，这种设计非常值得推荐。在上图中，设计师巧妙地运用了园林设计中的视错觉技巧，从视觉上将造型流畅雅致的长椅成倍地放大了。至少在观者的眼中，确有如此的感觉，再加上前面种植的造型简洁但花色十分出挑的“紫色惊艳”细茎葱，与长椅形成了势均力敌的比照。除此之外，盛放的花朵让人一览无余，效果则更为惊艳。作为树篱的苗木品种，您可以选择栽种欧洲红豆杉和山茱萸，设计出一幅与图中类似而又不同凡响的整体画面。

月季花饰

浓浓的艺术气息，对称的几何图案，庄重的布局设计。灌木月季一簇簇雪白的花朵盛放，情致迷人，而整体的园景看上去更是美得令人惊心动魄。在这里，设计者只选用了寥寥数种造景元素，就传递给人一种大气华美的印象。事实上，产生这样的印象，很大一部分要归功于月季花圃的围篱设计，正是因为这种形式的围篱低调简朴，才使中间的月季花从背景中鲜明地凸现出来，大大地加强了整个花圃的效果。尽管人人皆知，月季和薰衣草是一对和谐的伴侣，但是栽种并修剪薰衣草，作为低矮的造型围篱，这样的设计还是较为少见的。不过在此处，薰衣草围篱的效果相当不错。花园中央低低的水池四面，各自分别环绕着四种造景元素，这四种元素交织在一起，形成了结构对称的四个完整部分：四棵半球状的锦熟黄杨、四株圆叶玉簪，当然还有月季花圃。要想让素来自由伸展的薰衣草保持这个低矮的造型，您最好尽量选用植株较矮、生长较小的品种，例如“矮蓝”或是“贵夫人”等等。每米围篱大约种植四株，并且在花期过后修剪成形。不过，还是应该尽量避免过度修剪薰衣草。

开放的边界

一方面，要遵循界限分明的原则；另一方面，则要尽量营造轻松而不失有序的氛围。经过精心的设计，图中这座鲜花盛开、造型丰富的花园同时成功地做到了以上两点——当然除此之外，这还是一座十分美丽的花园。修剪得线条分明的锦熟黄杨树篱勾勒出硬朗的轮廓，刚好与开放种植、风格轻松的薰衣草植物带形成对比。基本形状的对称布局，让这两种形式的界线都能收到应有的效果。而在其中一个锦熟黄杨围起的花坛中，再次出现了薰衣草，和谐地强调了主题的完整性。一边的黄杨树篱花坛中，栽种着养眼的高茎月季，与之相对的另一个花坛里，则是一片怒放的藿香。同样适合在此处种植的还有鼠尾草植物。除了大家都熟悉的正宗药鼠尾草以外，同属这种著名的药草植物的，还有其他不下十余种各有特色的品种。鼠尾草类植物除了需要春季修剪，性喜透水透气性良好、含石灰质丰富的土壤之外，还要求定期浇灌——而且您要切记，天气阴冷时，要做好过冬防护措施，保护植物的根部。用一束稻草或是一条简单的麻袋就能满足需要了。

小建议

花岗岩 —— 理想的花坛围边

花岗岩作为一种天然建材，石头表面纹理新鲜趣致，色彩对比鲜明强烈，非常引人注目。再加上这种材料特别坚实、耐久，因此最适合用于室外。目前市售的花岗岩石材，不仅有石块、地砖或者碎石料，也有花岗石栏杆，还有锯好的，或是呈断裂状的石板。

黄杨树的尖顶

在线条分明、有棱有角的锦熟黄杨树篱末端，设计师修剪出两个小小的树尖，仿佛两座傲然挺立的小塔，正在与花坛内大朵大朵盛放的“春绿”郁金香竞相争夺游人的喜爱。小小的黄杨塔造型灵动活泼。正是通过这样的艺术风格化，这片狭小的植物区才真正引来观者赞赏的目光，从而在花园的整体设计中争得了一席之地。尽管黄杨树总的来说很耐修剪，不过您最好还是将修剪时间安排在无霜冻的早春季节，或是七月底多云或阴天的时候。无论您需要的是和谐还是对照的效果，色泽鲜绿的黄杨树都能提供一个相应的恰到好处的背景。

1 自然中的小桥

走在这样一道木板搭成的小径上，感觉一定不错。作为小小的桥，它连接着池塘岸边，两个方砖铺地的区域；这条窄窄的小径由木条拼成，既显得直截了当，又洋溢着和谐的气氛。用来搭配天然风格的池塘设计，木头当然是充满活力的理想材料。与环境十分协调的因素，当然也包括木料经过日晒雨淋留下的痕迹。

2 花岗岩的舞台

在图中这个迷人的花园里，花岗岩台阶无论是从功能上，还是设计手法上，都具有举足轻重的意味。小块的花岗岩地砖铺满了整个路面，小路两侧柔和的植物将坚硬的石头拥在怀中。台阶两侧的梯级平台上，留出了安放装饰摆件的位置，从而构思出一幅真正完美的图画。

3 香草之路

此处，小路的轮廓清晰无比，却恰好遇上了密集丛生的法国薰衣草。薰衣草任情恣意地伸展、蔓延，与铺得整齐严谨的小路刚好产生对立的效果。这样一来，设计师一方面成功地掩盖了从小路到种植区较难处理的过渡区域，另一方面，也巧妙地将这些区域空间融为一体。

4 五彩的铺路石

这个地砖铺成的梯级平台，充满了装饰性的图案和丰富的细节，可以称得上是一件小小的艺术作品。小块的花岗岩地砖砌起了每级平台清楚的边界线，中间则填满了异彩纷呈的马赛克地砖和鹅卵石。各式各样的石块，勤力铺就，效果自然非比寻常！

5 石贵天然

天然石材品种丰富多样，经久耐用，形状千姿百态，色彩变化万端，作为连接人工建筑与自然植物之间的桥梁，是最为理想的选择。图中，登上露台的这两级台阶，刚好向我们展示了一幅细节姿态万千、整体充满和谐的画面：不同的玄武岩、砂岩地砖和形状不规则的石板，与植物搭配在一起，水乳交融，十分协调。

6 秘密台阶

这道石阶仿佛被大自然纳入了自己的怀抱，充满着神秘的感觉。不失野性的自然风格，加上石阶被有意设计成看不见固定目标、不知通往何处的模样，更是加深了这种神秘感。一层层精心堆砌的石墙上，布满了斑驳的印痕，石间栽种的西欧绿绒蒿绽放着黄花点点，让石上的风霜之迹更为深浓。

2

3

5

6

流连忘返之地

花园，不止给您带来绿色的生趣

“那我现在去花园里待会儿！”这句简单的话，语气当中蕴含的深意，生动地总结了除却有目共睹的功能之外，花园还拥有的功用：作为一处私人休憩的空间，在这里给自己充电，同时它也是个人生活中一个十分重要的舞台。

正因如此，花园的整体设计就显得更为重要了，将花园布置成为充满个性、令人流连忘返的所在，通过许多小小的让人爱不释手的细节，呈现出一个绿色的统一整体。每个人对最喜爱的地方，都会有自己的定义。可以这样说，有多少种花园的样式，就有多少种不同的喜好。加上一点富有个人特色的点缀，这样的地方就被布置成了原汁原味的小小福地，散发出惹人喜爱的魅力和一种舒心惬意的感觉。但是，一处原本只是花园的地方，如何能够让人久久流连，让那种明媚灿烂的光芒，远远地越过篱笆矮墙呢？总体风格的正确设计和精心雕琢的统一布局，正是做到这一点的前提。然而，最终决定通往绿色幸福之路的，则是您内心的感觉。

流连忘返之地

首先应该提到休闲座椅区，这是花园中快乐聚集的地方，经常会因为用心的细节布置，以及精致讲究的小设计，一跃而荣升为园中最受欢迎，大家逗留时间最久的私人领地。座椅区域几乎总是花园中许多活动的发源地。就算并不一定每次都是具体的起始地点，但是作为度过闲暇时光的地方，它还是会更多地激起造园者着手进行设计和改建工作的强烈兴趣。这里是自由天空之下，生活起居的中心；同样的，这里也是花园的中心布局重点之一。

要是将座椅区设置在近水的地方，会产生一种特别的吸引力。水使人心静，亦引人心动。特别的园艺池塘，可以称得上是花园中一处自造的天然所在，天光水影中，映着种种奇花异卉——变化万千，美不胜收。水之一脉，是花园的生命之脉。将水引入您的花园，几乎有无限多种可能。最为传统的方法，当然是修一个池塘或者水池；引来一条小溪，则会添上自然的风味；喷泉水花四溅，有浓浓的艺术味道;或是干脆建一个游泳池，动感十足。水的魅力在于它能够凌驾于所有园艺风格之上，跨越一代代园艺大师的风格制约，成为出类拔萃的花园设计中不可或缺的部分。

一个地方，要能够让人流连不肯离去，首先所有的布置、座椅、家具都必须定位准确，设计和式样必须完全满足个人的要求。因此在本书中，对靠椅、长凳、躺椅，还有各式组合座椅家具涉猎较为广泛。因为两把不同的靠椅,效果完全不一样。而桌椅家具的摆放布置，一定要经过周密的考虑，并配合整体设计的风格。尤其是当家具放置在布景框中或是背景前面，需要强调一定效果的时候，则更应加以注意。您最终的目的，当然是希望能够总是坐在前排最好的座位上，欣赏与享受良辰美景如斯。

对于所有种类的休闲座椅区域来说，最基本，也是最重要的，无非是怎样确定它在您的整个花园布局中所处的位置，以及如何将它固定地嵌入相应的花园空间里。要实现后面这一点，通常需要先设计和安排好座位。上一章«空间的分割»中谈到的总体设计原则，在事先定义好的区域空间里，必须进一步地细化，乃至精确到细节层面。座椅家具本身的设计样式风格，对整个花园有何影响？哪些东西可以互相搭配，产生和谐的效果？您最爱逗留的地方，还应该，同时还能够为您提供哪些园艺元素？围绕着这些花园设计里的中心问题，您将在接下来的章节中，看到各种各样新奇、有趣，并且非常优美的设计方案与实例，供您在构思自己的花园空间时作为参考。

除了水的灵动能带来生机，还可以通过建筑或者栽种植物的方式，在花园中引入顶棚、帐幕、壁龛、可供避雨或者休憩的小小角落等，来营造一种不同寻常，又常常带着一些浪漫风情的氛围。绿色的爬藤植物和支撑它们攀爬蔓延的藤架结构紧紧相连，成就了一处长长久久的独特景致。这是因为二者之间直接深深缠绕，紧密联结，要想将爬藤植物移植到别处，一般来说几乎不大可能。因此，枝叶攀缘的蔓藤凉棚、石壁或是矮墙，爬满青藤的效果究竟如何，一般说来总是取决于您花园的具体条件——而且效果是唯一的、难以复制的。一架浓密茂盛、缠绕相连的绿叶顶棚，让天然野趣与人造景观的结合更加完美，成为风格独具、令人陶醉的设计元素。

不过，引人注目的设计并非只有绿叶顶棚。花园小屋就可以建成充满艺术气息、布置得令人喜爱的第二套居室，供您在室外起居，要是再加上一个小小的露台，一个花园池塘和相应的背景，花园小屋本身就能营造出一片完全拥有独立风格的、一览无余的园艺世界。通过采用透明的玻璃门窗、与地齐平的设计，以及轻质的建筑方式，能使花园小屋更加完美地融入周围的绿色环境中。您也可以采用暖房或巴洛克式的橙园等建筑形式（又称巴洛克式花厅或暖房，是巴洛克式花园中的一种为橙子等越冬修造的建筑），利用和谐的光影效果，还有可资调节的气温和空气湿度状况，将您的花园季节延长至入冬。用来安置您那些娇贵的、需要呵护的心爱植物，这里也是理想的所在。

花园中，不同的色彩、形状、平面、植物和建筑，所有这些元素你中有我，互相呼应，构成一种动态和谐的基调，令人产生舒适、愉悦的感觉——本来平平常常的地方，就这样变得让您流连忘返。

小建议

几近天然的池岸设计

如果想要达到生态平衡，绝对有必要让池塘的边缘地带保持天然状态！衬垫薄膜的池塘，请您在薄膜上先铺一层卵石、漂砾或是草皮将其覆盖，并且在池塘边缘种植悬垂生长的灌木，遮掩薄膜与土地连接的痕迹。临水的岸边地段，一般能够承受繁盛茂密的植被生长，但是您要注意，在沼泽地段和水中区域，必须控制植物的生长，以避免日后蔓延成灾。布局设计的时候，一定要随时考虑到，富于变化和多样性会带给人大自然的感觉。请不要忘记留出一面空地，以便日后进行修剪和维护工作。

迷失在玫瑰丛中

没有玫瑰的花园，失去了其一半的美丽。这句话更是适用于花园中的池塘与水池。作为水中玫瑰的睡莲，生长于所谓的深水区域，即池塘底部的黏性土壤中。在较小的池塘里，为了避免睡莲过度生长而完全遮没了水面，您也可以将它种植在篮子里，霜冻期时，将篮子直接从池塘中取出来另行储藏。睡莲最好保存在凉爽、但是无霜的地窖中过冬。睡莲有超过五十个不同的品种，颜色从洁白、粉红到深红，您完全可以选择您眼中最美的品种，将它种植在一片风平浪静的水域中，因为睡莲生性爱静，并不太适应潺潺的溪流、湍急的波浪或是飞溅的水花。选择睡莲品种时，要注意植株生长的大小，以及该品种的水深适应性，尤其是保证正常生长，所需要的水的最大深度。有些特有的形态矮小的品种很适合较小的池塘，它们一般根据相对应的不同野生品种，多个品种统称小睡莲——绝大部分都是白睡莲。睡莲的叶片如一张绿毯铺在水面，四周围绕着身姿挺拔的黄菖蒲，一种纤长柔美、效果强烈的沼地植物。

连接的水面

左图中的花园区域整体感极强。所有的元素相互渗透，相互融合，模糊了界限。生长茂盛、品种繁多的植物让人沉浸其中，而那一片波光粼粼的水面则将植物衬托得更加堂皇大方。池塘水面必须够大，并留下足够的自由空间，以便能为后面的布景提供相应的舞台。不管是红色绣线菊那形似棉花的伞状花序，还是玉簪引人注目的宽大叶片，这片水面为所有的植物都提供了一种柔和自然的过渡，从而加强了整体，而不是单个元素的效果。

巨叶植物

并不一定非要拥有美丽的花朵，才能赢来充满赞叹的目光。叶片，尤其是那些尺寸特别的叶片，也会令人惊叹不已。大根乃拉草的植株高度可达三米，拥有巨大的叶片。作为天然池塘景观的围边植物，它的叶片效果最为理想。要注意的是，这种植物需要足够潮湿的土壤条件，以及半阴的环境。冬季，灌木植株的地下部分需要越冬保护，简单而有效的方法就是在泥土上铺设厚厚的落叶层。另一种名为蜂斗菜的草本植物，体积并不像大根乃拉草这般庞大，但是从各方面来看都可以称得上是它的良伴。

溪间号角

当水仙花盛开之时，春天的脚步已近！黄水仙又名“复活节之钟”，因为正是它摇响铃铛，宣告春天的来临。不过，还有很多很多品种的水仙，都会为人间捎来如此美好的春之问候。比如说小型水仙，或是花冠较大的大杯水仙品种。为了能够大致概括水仙的种类，英国皇家园艺协会（RHS）采用了水仙分类法（分为十二大类）。这只是一个大致的分类，水仙大约有五十个种类，长期培育的园艺品种逾万！它那鲜艳的黄色花朵，令青苔遍布的岩石间和潺潺流淌的小溪显得更为生动。

栩栩如生的岩石

通过充满艺术感的喷泉或者滴水嘴刻意的强调，通过风化剥蚀的岩间，潮湿的石头表面上自然长出的青苔，水，唤醒了岩石的生命。除开它那极具装饰性的外观，以及在整体设计中起到的画龙点睛的作用，喷泉还能满足另一项功能，那就是给池中的水注入活力，对于清澈的水来说，流动是最基本的条件。通过水流翻转的独立的水池中，水体会不断地重新分层，使池中之水一直保持流动——正如我们平时所说的，实现了流水不腐。汩汩水流之外，绿色植物也给石头为主的景观增添了一份生机。

清凉夏日

在属于自己的花园里，直接从铺着木地板的露台上跳进清凉的水中，简直是一种难以言说的享受。有两条路可以将您引向这美妙的境地：一座泳池，或者是一个风格天然、可以下水游泳的池塘。这二者之间最大的差别就在于区域划分。游水池塘一般分为游水区和循环再生区，循环区里的水通过活力充沛的水生植物得到过滤和净化，整个过程完全是依据生物机制的原理。必须要有交换装置保证两个区域之间的水得到交换。而在泳池中，最为重要的净化任务则由水处理装置来完成，其中主要包括过滤系统和池面撇渣吸取装置。游水池塘的岸边，一般设计得柔和、自然、流畅；而泳池的特点则是轮廓鲜明、工整，除了下水处的几级台阶以外，整个泳池一般是均匀的同一深度。从池中出水时，踩在脚下的如果是木质地板，一则不容易滑倒，二则比起环绕水池全部铺上地砖材料，木头的感觉更为舒适。您可以使用较为柔和、天然的造景材料，来削弱这种严谨生硬的感觉。当您用这些材料，在方方正正的画面上涂抹出或横或斜的几笔时，就已经从背景上成功地减弱了生硬的效果。

漂浮的椭圆形

天然的花园池塘是一方面，能够在自己的花园里畅泳又是另一个方面。无论是从财务上来说，还是首先最重要的，从个人享受和日常生活质量来说，泳池或者能游泳的池塘，都堪称持续性的投资。飞快地跃入冰凉清澈的水中，或是清晨畅泳一番，会令人如此神清气爽。只要打开通往花园的门，这样的愿望就能立刻变成现实。在泳池周围，设计合适的视觉屏障非常重要。只有在不受打扰的情况下，人才能更好地放松自己。高大浓密的竹类植物是非常完美的选择。竹子姿态挺拔，枝叶伸展开去，能够让清晰的边界变得模糊而相互融合。由于设计和施工的要求，泳池的形状一般说来比较工整，设计时大多采用方方正正的线条，一丛丛竹子天然、柔和的感觉，刚好是完全相反的对照。上图中是一个用长条木板围住的泳池，在它优美的外观造型设计背后，还掩藏着一系列必不可少的水处理技术细节用来保证池水的清洁并给池中的水加热。无论是水泵、过滤装置、池面撇渣装置（抽吸机），还是泳池照明系统，所有这些水处理技术设备，在设计的时候都要进行全面考虑，保证它们互相兼容，能提供不多不少且恰到好处的技术处理。除了对池水进行必要的适当处理之外，我们还需要随时能够将泳池遮盖起来的装置，从而延长泳池的使用寿命。

小建议

金属镶边——时尚而又实用的选择！

金属材料特别适合用来给小路、整片地砖、树根周围的一圈土、植物区，以及水池做围边。除了坚固耐用以外，金属材料最重要的优点在于形状多样，可进行各种设计。比方说，安装时与地齐平的金属边、几乎隐不可见；而安装时将这条边抬高，则会增添一种独特的质感。

生命之树

空间感的延伸以及清晰的轮廓营造了简洁、但十分强烈的风格。这个露台与水池的组合，以一种简明扼要的形式，再现了现代风格花园的形态和设计语言。空间感的延伸来自平平展展、极简风格的基本设计思路。清清楚楚的轮廓线条则赋予它特征以及形态。强烈的风格特征来源于未来主义造型的桌椅家具，那一片铺撒在露台旁棱角分明的碎石子，以及平平整整延伸开去的水池。一个很特别的细节：石板材质的地面使整个图案结构富有张力。作为视线的中心，银杏树宛如整个花园的皇冠，生机勃勃地朝天空伸展着躯干，充满形式与细节感，成为整体设计的一部分。银杏树有许多方面都十分独特。从植物学的角度来看，既无法将它归于针叶，也无法将它归于阔叶类植物，因此，它属于一个单独的类别——银杏类。由于它与针叶类树种相似度极高，为了简单起见，一般人都将它归为针叶一类。尽管它的树叶形态类似阔叶树种，而且一年当中，叶片颜色会由翠绿变为金黄，并在深秋落叶。一棵高大挺拔的银杏树，会为您的花园增添一缕色彩浓烈的异国风情。

涌泉池

一口泡沫喷涌、水花翻滚的泉眼，实在堪称绝妙的主意。设计时，在方砖铺就的地面上挖出的这口小池，用了与砖地一模一样的材料，完全融入整体景观之中。这个花园的整体风格，一方面是朝纵深方向延展的田园情调；另一方面则是线条清晰、分界明朗的近景设计。您可以用小块的方砖随意设计出各种优美耐久的拱形、弧线形、洼地、凹槽等造型。要想让小溪中的水流总是满盈，您应该将溪底的方砖铺在一层水泥砂浆的承重层上面，同时用水泥砂浆填充方砖之间的缝隙。您也可以在砂浆层中直接铺上一层池塘用薄膜，防止水往下渗漏。不管使用哪种方法，砂浆本身都必须固定在一层混合矿渣上，从而保证足够的牢固性。无论如何都要注意，避免地砖边缘有可能将人绊倒，尤其是在上图休闲座椅区直接安置在泉边的设计中。用不同的鹅卵石来做标记，能够不断提醒大家这里是地上挖出的一小块水面，同时还给整个池塘添上了一丝天然风味。一般来说，像这样的浅池，水深最多不应超过 15 厘米，若非如此的话，这个小池就会成为真正的空间分割元素，失去现在这种与周围环境水乳交融的感觉；另外，如果池太深的话，要营造喷涌翻滚的效果，需要比现在多得多的水来推动。

朝思暮想的小岛

在这里，到底如何才能踏上那木板铺成的八边形小岛？踩着一块块石头！这条通道本身就属于设计的一部分，于整体和谐的画面丝毫无损。恰恰相反，作为供人踩踏的小路而安放在溪涧当中的一块块大石，如同天然的舞台布景，让木质平台置身其中。尽管这些石块看上去巨大而结实，为了保证安全，还是需要将它们分别固定在池底。请使用一根根足够大的长螺纹杆，将您的石块牢牢固定在水下的水泥制承重基座上，这样您就可以随时随地放心地移步您的休闲小岛，享受美好时光了。池水越深，要想将池中的物体牢牢地固定住，所费的周折就越大，这是一个普遍适用的原则。当然，上图花园中尤其需要固定的是木板露台，没有稳定牢固的承重设计（木料、钢材），它绝不可能化身成一座漂浮在池面的小岛。四处安置的球状玻璃灯，可以说是非常独特的点睛之笔，白天反射日光，入夜则自动点亮，带出美妙的气氛。由于电路绝缘和防水的要求，这里的玻璃灯使用太阳能灯具是更为安全的选择。

凭栏月季

无论是小桥栏杆，还是用来分隔空间的各种围栏、栏杆元素，让藤本月季攀缘其上，都会令这些本以实用为目的的元素外观更加引人注目，散发出一种正面的吸引力，在整体布局中显得更加突出。要是您选择的花朵，色彩与栏杆本身的颜色有较大反差，这种突出的效果会更强烈。此处对园艺师的挑战在于，必须将蔓生的月季成功引到桥栏杆上。从栽种的时候起，包括生长的头两年之内，都必须用支架来撑住花枝，将它牵引到栏杆上。

女神与黄杨小熊

水池虽小，效果却很棒。多亏了池面那层防护网，修长柔美的女神雕像得以伸展肢体，懒洋洋地躺在阳光照着的水面上。可是她的观众抢去了风头，令她几乎黯然失色。毫无疑问，池边那些锦熟黄杨修剪而成的造型雕塑是如此引人注目。小小的喷泉让整个水面都有了动感，同时也将人们的视线重新引回池中。如果点睛之笔不止一处，并且竞相吸引观者的注目，中间又没有东西把它们直接隔开，那您还是应该尝试在其中的一处做些强调，最好的办法就是利用色彩艳丽的花朵或是合适的装饰品。

水花坛

水会让每一座花园都更加充满生命的气息，无论它是以池塘、小溪或者喷泉的形式出现。其实也可以借用植物花坛的造型来设计一座水池。在一大片种植着狭叶薰衣草的卵石地当中，点缀着这个长方形的小水池，可以让人们在水池边缘的石板上安心地坐下来。浇灌花朵的水源也已经准备好，就在花田边上。这个设计将美观和实用结合起来，并且完全没有破坏整体画面的和谐。如果您想要寻找另外一个品种来代替此间的蓝色薰衣草，完全可以尝试一下开粉色花朵的月季薰衣草，或者是白色的狭叶薰衣草。

湖畔假日

要是自家的花园已经成为一个无人打扰的度假天堂，为何还要舍近求远呢？从木质露台这边望出去，视野开阔的优美景致纷纷映入眼帘，令人目不暇接，尤其是那围绕在湖畔、陈列于湖上的花草树木，如同巨幅的天然布景呈现在您眼前。这样的景色，美得让人无法忘却。令人一见难忘的，当然包括湖上这两棵体型异常庞大的白睡莲，光是那巨大的叶片，就已经超过了大部分花园池塘的面积。观景露台上摆放着盆栽植物——其中主要栽种的是矮牵牛，还有造型相当独特的桌椅，布置得舒适而富有个人情调。

池畔——不可或缺的重点

池塘的边缘地带十分重要！作为相应的水域，水岸区域和分界区之间的过渡地带，天然花园池塘的边缘对于整个池塘的生态环境，以及外观效果来说，都占据着举足轻重的地位。池塘边缘的宽度尺寸设计，以及植物的选择，都要依据池塘的大小、池塘的使用目的，以及池塘中预计的动植物状况来定。塘中养鱼的情况下，一定要考虑到鱼以两栖动物的卵或者蝌蚪之类为食，因此池塘的面积至少需要 600 平方米。原则上来说，池塘和池塘边缘的面积越大，生活在池塘中的动物种类就有可能发展得越丰富，生态平衡的自我调节能力也会相应增强，食物来源更加广泛，筑巢孵卵的处所更多，生活空间更为多样。选择植物时，要将水生植物与滨水植物的生长区域分隔开，进一步地细分，则必须根据植物的水深适应性，也就是植物能够健康生长，所能适应的最大的水深。此处开着黄色小花的长叶毛茛就属于水生植物的一种，水深适应性可达 20 米。

小建议

水面让视野变得开放

通过一片水面，特别是整体的线条延伸，您可以设计定义视野轴。水面上应该尽量保持疏朗的感觉，植物不应过于茂盛，水池也最好设计成轮廓分明的狭长形状。池塘边缘栽种的植物（独植树木、草本植物）引导着游人的视线，汩汩的喷泉成了目光投注的焦点。水上和水下的照明双管齐下，散发着光芒的同时，也将人们的目光再次引向艺术品、建筑 —— 以及天然的风景。

无所不有

一个水与植物的完整世界，在这里气宇轩昂地展开。一组喷泉、几棵造型奇特的独植美国木豆树，围绕在水边的一圈密密丛丛的植物，以及往更远处延伸着的水生植物池塘，池中栽满睡莲，并且点缀着香蒲和水剑叶，组成了一片高潮迭起、细节丰富的风景。水剑叶这种植物，有个十分有趣的习性：秋季时它会沉入水下，在水里过冬，到了春天又会浮出水面，大约从五月中起，开出白色的花朵。前提是，您的池塘不含石灰质！

小建议

视觉的享受

休闲座椅区的功能，不仅仅是供人坐下，同时也能让人在这里欣赏美景，享受闲暇时光。因此设计时，在确定一个视线焦点的前提下，您可以将座椅区尽量布置得变化多端。座椅区的本身可以集中种植一些植物，加以精心布置。除了只适合季节性使用的桌椅布置（家具等），那些整年都能使用的休闲座位也很不错。您可以选择水泥板、石块（也可以加上木头座位）、台阶的梯级（所谓“坐式”台阶）以及厚木板，这些都是较为合适的建造材料。

氧气之源

图中的天然小池塘，在华丽背景的烘托下，凝神静气地展开在人们眼前。它的轮廓十分和谐，线条柔美，被身后半椭圆造型的休闲座椅区拥抱着，融合在一处，构成一幅迷人的图景。即便背景处林深丛密，颇有一片森林的感觉，小池塘本身还是沐浴在直射的阳光之中。这一点对于植物的光合作用，还有池塘中水温的升高极为重要，正因如此，才能有动植物群落的迅速繁衍。只有当每天的日照时间能够保证在六个小时以上，睡莲才会绽放花朵！尽管如此，您还是要注意，在正午阳光直射的时候，给池塘 的某些区域遮阴，目的是为了避免水温升至过高，导致水中氧气量不足。最为理想的遮阴方法，是沿池塘边种植灌木，或者在离池塘稍有一段距离的地方种植高大的树木。要是树木离池塘太近的话，一来有可能太过阴凉，二来最重要的，是秋季落叶的时候，太多树叶掉落到池塘里会导致营养物质过剩。要想让池塘的水保持清洁，能制造氧气的植物永远是您手中的王牌。比方说生机勃勃、长势旺盛的高莎草就能完成这个任务。

水舌

水流穿过一道狭窄的缝隙，开辟出它的道路，倾泻而下，落入浅浅的长方形（蓄水）池中。水瀑和纤长的草茎互相衬托，产生了一种现代设计风格中张力十足的动感。简洁，风格强烈，充满存在感。红砖墙一方面将这片潮湿的区域与相邻空间分隔开，另一方面也给水处理装置（水泵、水管）提供了一个藏身之处，让人难以发现。您要是将水池设计成彩色的，或是在池壁铺设镜面玻璃，可以加强水流拍打池面、水花四溅的效果。

妙趣横生的方形水池

一个洒满阳光的小小角落，要是在近旁添置一个喷着水花的小池，就像图中这样，定会更增魅力。池水一定要浅，这样就无需在池边设置安全隔离或栏栅来防止有人无意中跌入水池，如果隔着一层防护栏，池底的鹅卵石图案与池水表面，看起来就像蒙上了一层东西，直接影响视觉效果。植物的布置堪称完美，因为只需这一丛鸢尾花，就完全能够给这个四四方方的水池涂抹上一笔举重若轻的亮色。为了营造气氛，整个设计采用了丰富的装饰性元素。清晰的形态，加上精心挑选的点缀，正是这个花园带来美妙感觉的关键所在。

水平如镜

在四方水塘的一角，那些植物高低分布，层次感极强，展现出一幅如同静物画般的美景。水中的倒影产生的效果如此迷人，实际上，您甚至能够控制倒影的视觉效果。通过准确地定位那些垂直生长的植物（半灌木、草本植物、灌木、乔木），以及精心摆放装饰物，您就能够巧妙地导演一出天光水影的舞台剧。因此，在您栽种植物、定位装饰品之前，一定要仔细观察，您的池塘或者水池在一天当中阳光照射的时间、角度等种种情况。另外，设置视线屏障（墙体、篱笆）能够进一步强调这一设计的光影效果。

天蓝的水之趣

用不着担心过于另类、出格。另类的风格看上去也能非常漂亮！图中的设计整体感明显，同时充满了丰富的细节——有一个元素始终贯穿如一：蓝色的天空。木条之间绷得紧紧的布料在反面光线的照射下，如同布景天空中美丽的云。令人赏心悦目的同时，还额外提供了遮蔽与阴凉。耐候钢（低合金高强度耐腐蚀钢）的表面纹理十分有趣，与水面有相似之处。借助光的效果，以及精心挑选的地点，您完全可以将不同的材料结合在一个自然的整体当中，并让它们焕发自己的生命。利用流水能够进一步增加灵动活泼的感觉。

小建议

适当地使用混凝土材料

坚固耐用，表面形态多样（颜色、图案结构等），混凝土这种材料特别适合用于花园的设计（露天厨房、休闲桌椅、工作台等）。不过您要注意，混凝土的重量可观，因此日后如果万一需要改建或重建的话，成本有可能相当高。

心爱的厨房吧台

也可以这样来设计！您能利用水泥在露天构建出几乎所有的形状！况且，其貌不扬的水泥灰时代已经远去。只要您愿意，最好直接拿起刷子，把混凝土石材刷上鲜艳的彩色。具体颜色的选择，花园中植物的色谱会给您提供方向。或者，索性把混凝土也涂成您最喜爱的植物的颜色？薰衣草肯定应该是这位设计者的最爱，尤其是，它还传递着一种对于南欧风情的渴慕。设计中结合了一个风味十足的迷你露天吧台，整体效果十分引人注目。

小小庇护所

您可以直接利用植物，来设计一个别具特色、舒适无比的小小庇护所，既能挡住旁人的视线，又可以遮蔽风雨，例如一个欧洲鹅耳枥绿篱构成的壁龛状的空间。树篱当然不会天生就长成这样的造型。您需要先安装支架，预先设定好心目中理想的形状，这样才能按照自己的想法来左右植物的生长。您最好在栽种树篱的最初阶段，就在树苗这一项上适当地增加一点投入，保证购买的苗木日后能够长成您理想的形状。树苗的大小和质量，至少要达到一定的标准，好的苗木品种，一方面来说，已经长得较为粗壮高大，另一方面，适应气候和土壤条件的能力也强得多。需要注意的是，您将树枝编插在支撑架上的时候，每次只取一根枝条绕在支架上，这样可以避免单个的枝条由于互相压迫或是争夺光线无法茁壮生长。对于下方的树篱来说，如果能在生长初期就保证充足的阳光直射，避免别的物体挡住光线，是不错的做法。正因如此，刚刚种下树篱的时候，您的长椅暂时可以放置在别处，先不要与植物争夺阳光。鹅耳枥的落叶，如果条件允许的话，可以让它们留在地上，因为这些落叶改善土质的效果极佳。

不容分说的美丽

要想看到比利时杜鹃如此蓬勃高大，倚在一棵独植的大树旁，树下绿荫一片，您需要的，只是时间。如果您自己也想有个地方，好好地倚靠一下，那就应该在树下找一小块地，将座椅、装饰品、花盆等逐一稳妥地安置好。用天然石砖铺地，不仅经久耐用，而且牢固结实，是很可靠的选择。材料并非一定要是天然花岗岩。在您附近的地方，也许能找到斑岩、石英岩，或是片麻岩的石头？如果有的话，就太理想了，您只需要决定开始行动。

华丽盛宴

铸铁长椅上的花纹如此栩栩如生，曲线交错，富于变化；而锦熟黄杨修剪成的人物造型，又给稳定坚固的地面带来一种动感。高大的欧洲山毛榉树篱，所有的叶片都被染成最美丽的秋天的颜色，舞台背景的效果极其强烈。两棵黄杨修剪成的造型植物定位精准，针对中央的铁艺长椅，形成整体的感觉。黄杨造型酷似两具人体，让人想到一对舞伴在抛光的地板上翩然起舞。背后的树篱作为布景，将这一切更为突出地呈现在人们眼前。

俯瞰花园的宝座

高处的座位更为舒适，整个花园都臣服在脚下。如果您想明确休闲座椅区在整个花园空间的地位和意义，可以突出座椅区，将它整体抬高，并用各种方法进行视觉上的强调。坚固的地面给人一种稳定的感觉，能够帮助您达到效果，或者像图中这样，用一些自我风格强烈、特征显著的布置来作为视觉焦点。三道绿油油的紫杉树篱与白色长椅互相映衬，营造出一种生动的氛围，同时也给座椅身后的空间提供了必要的保护。此处刻意将座椅后移，形成了一个货真价实的座位空间，从外形上来看，不由得令人想起尊贵的王座。

光彩照人的强大力量

那一大丛扶芳藤努力攀上了面前的石凳——缓慢，然而十分坚定。这是个两全其美的景象。从视觉效果来说，二者的搭配十分和谐，叶片上混杂着斑斑点点的黄色、灰色与绿色，刚好和古朴石凳上那斑驳的痕迹非常协调，大丛的植物也给石凳以及坐凳子的人必要的倚靠，形成了视觉上和心理上的双重支撑，令人得以更加悠然自得地欣赏四周鲜花簇拥的美景。黄水仙的花朵不得不低低垂下，因为它那纤长的花茎如同鹤立鸡群一般，从周围的植物中脱颖而出。夏季花卉光彩夺目、艳丽照人，您应该很好地加以利用。

石缝间

框架设计得越美，中间的长椅和远远看来整体的风景就越美。此处的设计恰好如此，尤其是长椅的造型，本来就极为简单，这里几乎没有给它留下一点发挥的余地。将不利因素转化成有利的条件，经常能够达到最好的结果，令人赞叹。这框架式华丽的舞台布景，全都是郁郁葱葱、生长茂密的植物，还有那些别具一格的细节设计，能让人心甘情愿地放弃所有，在此停留。让植物在天然石板的缝隙间生长，连成一片，效果如同地毯，这个主意令人拍案叫绝。铺地植物以一种自然的方式令整个石板地面更为柔和，在方砖之间占据了一席之地。通过色彩上的强烈反差，前景处的植物不再仅仅用来填充画面的空白，而是同样成了引人注目的风景。这一类生长密集、耐踩踏的铺地植物，基本可以在品种多样、范围很广的景天属植物，以及一些百里香属植物，例如铺地百里香或是匍匐百里香当中选择。如果您能为这类植物提供阳光充足的地点和透水透气性良好的土壤条件，它们几乎无需过多照料就能自己编织成地毯。长椅周围的万绿丛中，一丛枝干挺拔的灌木月季向前伸出，枝头开放着粉红色的花朵。向阳的地带、土质呈弱酸至弱碱性的环境，最宜于月季的生长。

秋千摇椅的另类设计

为什么总是要在相同的地方坐下，闲待着打发时间呢？这个与众不同的设计，能让你带着整条长椅搬家，在花园里随意寻找新的地方，安顿下来。这个思路原则上其实很简单，操作起来与更换窗帘类似。一根根穿孔的花岗岩石柱勾勒出整个花园的形状，除此之外，还给园中众多的攀缘植物提供了盘踞之地。藤本月季与坚硬的花岗岩搭配得十分理想，不过需要通过额外的支撑物来鼓励它向上攀爬，因为它本身具备自动攀缘能力。而地锦（即爬山虎）和常春藤却能够依靠本身的吸附根系，无需借助外力，攀爬到相当高的地方。在思考花园设计方案的时候，请一定要考虑到是否有某些造景元素能够同时满足几种功能需求，如何能在建造伊始，就注意到这些方面。为了保证您能在秋千摇椅上安全地摇摆晃动，上方的钢管一定要够粗，直径必须合乎要求，最小不能少于 5 厘米。材料可以选择镀锌的不锈钢。插在石柱上小孔里的钢管一定要采取固定措施，以免从孔中滑脱出来。

小建议

赏景与私密

根据您花园的具体位置与环境，您应该注意，您坐在座位上也许会同时落入他人的眼帘。因此，设计座位的时候也要相应地考虑到这一点。请分别从两个视角来规划您的座位。盆栽植物和其他的装饰品能将座椅区点缀得更为生动。不要忘了设计视线屏障来保护您的私密领地！

日光长椅

在这一片富丽堂皇的布景中，设计者使用的都是品质最佳的元素。除了修剪得造型优美的锦熟黄杨，首先落入人们眼中的，就是百子莲那蓝色的伞状花序。要想让它开出最美的花朵来装饰您的花园，建议您要采用足够的越冬保护措施，选择日照充分的种植地点，并且保证土壤中良好的肥力供应。花园后部的绿篱，营造的效果十分强烈。它给整体的设计带来一种安静的稳定感，同时也将长椅和长椅前面的植物衬托得更为突出。在此，预先设定的视线目标（日晷）着重强调了整个园艺策划的风格。

横座

画面上的整个设计宁静安逸，其中有许多独特的细节都充满了幻想和爱，创意十足。以下四种元素中的每一个——座椅、墙面、植物与座椅前的区域——各自散发着独特的个性光芒，四者合一，共同打造了一个别具一格的休闲座椅区。要是您想模仿这里的设计，将这一片令人流连忘返之地搬回您的花园，设计的基本思路大致如下：作为背景的墙面，配上艺术风格浓厚的花卉，以及南欧风情的暖色调；两方棱角分明的木块，上面横搭一条天然材质的石板，作为长凳（重要的是：木块要顺木材生长方向水平放置，以免水分渗入木材内部）；光滑的水泥地面上，用鹅卵石组成各种圆弧形装饰；另外还有——细茎葱、蜜蒜、羽衣草、毛蕊花和一丛箭竹。这些植物都渴望阳光，喜欢温暖的环境，您应该将它们栽种在日照充分、保护周密的地方。墙体也能储存一定的热量。您可以在长凳后放一把小小的喷水壶，作为对自己的提醒，以便随时想到浇灌这些需水量极大的植物。

小建议

低调或是张扬?

低调：您可以选择叶片和花朵色泽不太显眼的植物。最好让植物保持自由生长的状态，不要进行造型修剪。设计时，要尽量在色彩与风格上与相应的元素保持协调。过渡应该流畅，轮廓线条尽量柔和。

张扬：选择鲜亮的、对比强烈的颜色。群植同类或同种的灌木、草本植物和蕨类植物。请您选择生长形态较为罕见、奇特的植物，以及一些特殊品种（比如在叶片颜色、秋天时的色泽等方面）。

整体橱柜

长椅、橱柜，还是搁架？无论如何，要在最小的空间里尽可能满足多样化的需求。将蕨类植物栽种在小小的植物隔层中，其实就是想要用最小的投入换取最大的效果。对于蕨类植物来说，要想保证它生长旺盛，必须满足几个最重要的条件：潮湿、半阴或是全阴的地带，以及较为松散的土质，除此之外，它对环境几乎没有什么要求。图中的这间绿色起居室特别之处就在于，将坐凳和植物区相结合，类似于整面的木制整体橱柜的设计。通过唯一的坐凳和一个个植物隔层，这样的设计呈现出一幅舒适、宜居、又不失实用性的图景。一丛箭竹生长茂盛，充满了大自然的生机，给画面中的人造景观平添了几分活泼与生气。两下里一比较，单从人造景观的色彩来看，也是竹子的自然一直尽占上风。正因为竹类植物的天然风姿，现代风格的设计中经常用这种植物来冲破边缘的线条感，软化严谨生硬的整体感觉。尤其是在城市里的市民公园或街区花园里，您可以运用类似图中的设计元素来布置一个诱人的花园起居室，令人从多个层面上同时领略花园的乐趣。

小建议

吊床的固定

最简便的方法是将吊床固定在两棵树之间，树干直径不得低于 50 厘米。园中要是没有间距和粗细都合适的树木，怎么办呢？其实墙体或者房屋的墙也十分适合用来固定吊床，关键是，您要注意将吊床固定在墙面的螺栓上。除此之外，还有木制或金属制的成品支架可供选择。固定吊床的高度必须至少离地面 45 厘米（人躺在吊床上时）。

吊床

被青葱一片的天然布景环抱其中，更令人身心舒缓。如果我们再像图中这样，借助于一张吊床，在美景之中悠悠荡荡，这简直是完美的绿色享受。园中这棵高大的白柳以它那种自然、蓬松、无拘无束的姿态，为整个花园的氛围抹上了重重一笔。柳树作为一种排名靠前的造景树种，主要在自然情态的园林设计中发挥理想的作用。柳树的生长形态极为多样，几乎能为所有设计思路提供丰富的造型资源。您可以用垂柳来点缀美丽如画的景致，而将红皮柳这样的品种种植在干燥、多石的环境中。

相对的弧线

您会用何种方式来尽情享受这小小的宁静安逸的园子，是坐着，还是怡然自得地躺着？您的选择，一定会落在那拥有美丽弧线的吊床上，这可不必成为什么隐秘的事情，因为吊床本身，就比所有单调的躺椅要多出许多内涵。一旦有人躺在吊床上，在那原本平平无奇的弧线中，会立即造就一种梦幻般的满足感。在图中的花园里，格外引人注目的是——一方面，吊床的弧度采纳了自由修剪成半球状的锦熟黄杨的曲线造型；另一方面，吊床的色彩则与桌椅家具完美地对应起来。整体效果十分优雅，颇具内在的和谐之美。只有在极少数情况下，才需要将吊床永久性地固定在某处。正因如此，您选择购买吊床的时候，无需过多考虑周围环境的整体效果。两棵遮阴蔽日的大树，或者是一个稳固周全的挂钩设计，就足够将吊床挂起来了。考虑到您可以躺在一个不受打扰的私人氛围中尽情做梦，所以建议您最好选择一个较为隐蔽的地点安置吊床。如果您选的地点能避开日晒雨淋，能在较长一段时间内将吊床安放在该地，就可以通过精心选择的装饰物，将身边的环境布置得更为舒适惬意。

阳伞、魅惑和躺椅

在上图的花园中，许多成功的细节设计，注定了这里会使人流连忘返。这些细节令整体的设计近乎完美，增之一分则过多，减之一分则嫌不足。图中的艺术喷泉是整个空间和布局的中心，各类石块以一种轻松的方式围绕着喷泉堆砌起来，营造出舒适的气氛。一片铺地的鹅卵石，还有由天然石块层层垒起的轮廓分明的石墙，在四周围绕着的花园空间中，很好地体现了设计的基本原则——开放、轻松、自然、以石为主。石墙上设计了一个开口，通往墙外高地，如此一来，墙体的作用不仅仅局限于分界与设限。通过这样的方式，您可以同时将许多元素很好地结合在一起：地势的起伏变化，高低错落的植物区，以及强调轮廓线条的石墙等等。对于铺设鹅卵石的地面来说，草本植物几乎可以说是必不可少的选择。由于鹅卵石地本身意味着更多太阳的热量，以及有限的土壤肥力，您必须选择这样的观赏性草本植物，它们即便在一些相当极端的条件下也能很好地生存下来，比如说绝大多数种类的羊茅属植物，还有蓝燕麦草，或是草茎柔韧的美丽针茅。阳光如此强烈的地方，当然少不了相应的防护措施。此处色泽艳丽的阳伞，造型设计充满现代感，完美地解决了这个问题。

小建议

木材必须呼吸

您在铺设木质平台时，一定要采用地板下通风的设计。因为直接与地面接触，加上潮湿的因素（植物、积水等），会造成木材迅速老化、腐朽。请在整个铺设表面上填满鹅卵石以及碎石子。植物根系延伸的区域，应该用鹅卵石带与木板露台分隔开。支撑用的木桩可以插入木条之间的金属连接件，或是中空的基座里。

摇摇荡荡的吊床

上图中的吊床，是在一个小型花园空间里，充满现代感的诠释方式。吊床支架那弯曲的造型，好像是取自浑圆的木制露台上的弧形木条。后面的隔墙用作水平方向的分界线，墙体也采用了同样和谐的弧线造型，并将这种感觉传递到整个花园空间中去。不过，这段墙面同时还作为安定、稳固的投影平面，为墙前五彩缤纷、变化多端的植物提供了展示的舞台。为了将生动而富于内在联系的弧形特征传递到别处，您应该特别注意，区域之间的过渡必须柔和，或者采用由植物生长形成的自然过渡。层次分明、以灌木形态生长的天竺葵就特别适合种在此处。

舒适的角落

再拿一个舒服的靠枕，垫在背后，把装饰用的玻璃杯换成盛满心仪饮料的杯子——随后，您就可以把手头上的园艺活儿放在一旁了。直接在花坛边上设置这样一个让人停留的去处，不仅相当实用，而且使得整体的效果更加生动有趣。正因为整个花园空间表现出了一种棱角分明、方正严谨的设计原则，在此处安置线条柔和、风格过于轻巧舒适的桌椅家具，可能就不那么合适。利用低矮的造型修剪树篱、墙面的绿化、栽种在较高位置作为屏蔽的观赏草类，以及预制不锈钢板拼接而成的地面，再加上宽度足够的木板条，您可以将这样充满现代感的实用的元素随意组合在一起，转化成具有个人风格的花园情境。要想拥有一道低矮、紧凑、引人注目的造型修剪绿篱，您也可以从品种繁多的扶芳藤类植物当中进行选择。比方说银边扶芳藤，叶片边缘呈乳白色，十分美丽。扶芳藤对于种植地点的要求并不讲究。但是，过于强烈的阳光和太长时间的日照会让它感觉难以适应。

小建议

永远出色的木质平台

木质平台与木板小径如此受欢迎，绝非无缘无故！木头作为一种天然材料，与任何植物的搭配都和谐无比。木材设计的造型，拥有相当精准的形态，而且木质材料光脚踩上去，感觉十分舒适，将木质平台与水面相结合，还能传递一种让人身心放松的假日感觉。

优美的环境

图中的花园布置，选用合适的材料，比例恰当，无论是坐还是卧，都各得其所。平台用木纹清晰的木板铺成，台上摆放着同质材料的躺椅和小桌，构成一幅和谐统一的画面。大面积成片栽种的植物给画面提供了框架，本身的效果也十分强烈。比如那一排羽衣草，蜜黄色的花朵盛开，加强了整个花园总体上阳光灿烂的基调。利用木制的平台，无论采用哪种形状，都能为实现天然感觉的设计思路打下很好的基础。

强强联手的独特效果

木质平台和天然池塘，二者都拥有很多变化，并且具备自然的魅力，是天生的好搭档。此处的木质露台上，点缀了许多家具、配件和装饰品，显示出鲜明的个人风格。桌旗上重现的木纹图案，将木质露台与木制家具很好地联结在一起。生长茂盛的植物，点缀着天然池塘的每一个角落，具体说来，是池塘的四种传统生态空间：深水域、浅水域、泥沼区以及池岸区。种植在岸边的池塘边缘植物，使整体设计风格与自然环境融为完整的一体。一般来说，在传统风格的天然池塘设计中，浅水域所占的面积最为宽阔。往池塘边缘的方向，连接着泥沼区，然后过渡到池岸区。而园艺设计中的池塘，只是在塘中有鱼类或两栖动物生活的情况下，才需要设置深水域。一般来说，我们应该把泥沼过渡带完全留给大自然，因为这里是生物最为活跃的区域。您最好能够尝试着将一部分地带设计成无人能够踏足的禁区。通过这种方法，这一区域能够长期自动地维持生态系统的平衡状态。有一种植物对于生态平衡十分有益：湖蔗草。

人造光源

光，那是眼睛总在追随的方向。但是在上图的花园中，天然的日光扮演的仅仅是次要的，最多是补充性的角色。各种形式的射灯、地灯散发着五彩斑斓的人造光线，给平凡的白昼涂抹上一层不寻常的气氛。正因阳光不足的缘故，即便是白天，园中的花朵都失去了鲜艳明亮的感觉，显得有些黯然失色。而这正是在花园中引入人造光源最大的优势。要是您也想延长花园的白昼，可以通过室外照明灯具来设计出令人叹服的效果。照明的布置，可以分为不同的侧重点和层次：作为伴随整个花园空间的照明灯光，此处是安置在池塘周围的火炬造型灯；大面积植物区的平面照明光源或背光源的灯具，给这个花园增添了一种生动起伏的动感；利用放置在树下的射灯，或是安放在树冠中的射光源，来突出和强调独植的树木。还有一种更为直截了当的表现形式，那就是在射灯的灯头前面，事先夹上滤色片：黄色和红色基调强调暖色，而蓝色基调则突出冷色的氛围。从抬高设计的休闲座椅区俯瞰您的夜花园，感觉最佳。使用反射材料能够进一步增强灯光效果。

看得见风景的座位

当视野过于宽阔，目光难以找到停驻的地方时，您可以收拢边界，将人们的视线直接引向您意图呈现的风景。一根木板条，结合着墙体和隔板的设计，让一扇视窗出现在人们眼前的窗中的画面切割精准、目标明确，将视线径直引向那片田园风景。地砖铺就的大块地面，造型开放，衬着广阔无垠的田野，效果十分理想。精心挑选的摆设和饰物，再加上几盆数量虽不多，但效果极佳的盆栽植物，给座椅区平添了几分魅力和独特的风情。个人风格的装饰和盆栽，这二者恰好就是魔力钥匙，将功能与重要的感觉层面结合在一起。

桌饰

风格鲜明、图案独特的地面，足够的阴凉树影，美丽的花盆里栽种着百子莲和各种漂亮的装饰品，还有相配的家具。所有的东西都经过精挑细选，再精心组合在一起，互相衬托，构成了一幅和谐的画面。这里几乎不再需要更多修饰，就已经美不胜收，让人流连忘返。百子莲那惹人注目的伞状花序占据了画面的中心，使花园桌椅的组合显得丰富、充满趣味。这种起源于非洲的百子莲，作为鲜切花装饰时，同样美丽如画，引人注目。另外，值得一提的是，在窄小紧凑的地方，这种植物开花的效果特别好！因此，您可以放心地选择小一点的花盆。

灯光秀上演

夏天的傍晚，坐在室外，看着日光在眼前逐渐消逝，这是幸福的一刻。为此，应当在园中设计适当的布景，创造相应的条件。暖色调的灯光会给人以正能量，使幸福的感觉翩然而至。遮挡视线的保护墙、植物花坛，还有灯光，它们结合在一起，有效地分隔、保护并且突出强调了个人的自由空间。暖暖的灯光照着天然石块前的植物，加上由耐候钢材料制成的、打上背光、有水流过的背景板，构成了一个完整的舞台展示，让周围的环境与气氛既有活力，又显得暖意融融。

传统的舒适

右图中的花园中，所有东西都各就各位：桌椅家具样式朴素，枝头繁花似锦，一切显得那么自然惬意。花园收拾得齐齐整整，按各自的用途相应分区。几乎像是在一个完全按传统的设计模式建造的、有了些年头的花园里，每个区域都划分得清清楚楚，而且利用半高的锦熟黄杨修剪成的树篱进行隔断，完全排除了不同区域空间互相融合的可能性。由于设计时对方砖铺设的地面和家具的色调，以及常绿的花坛隔离带，都有意采用了简单的配色，使得园中的各种花卉，尤其是月季，成为一道更加亮眼的风景。

小建议

深思熟虑的遮挡视线的解决方案

要是在盛夏的室外活动，用来遮挡视线和提供阴蔽的树篱，应该绿意深浓，枝叶茂密。植物生长的密度和色泽，是在选择相应的树篱植物时，除了布置树木（排列、高度、宽度）之外，最为中心的问题。因此，夏季深绿的阔叶树绿篱以及爬藤植物当属首选。树叶凋落，会让秋季和冬季的花园享受到更多阳光，并且给修剪枝叶的园丁更大的活动空间。欧洲山毛榉的树篱，视线难以穿透，而遮挡视线的铁线莲，特点则是花朵繁复美丽，可供观赏。

更高、更快、更绿

一般来说，要等您栽种的用来遮挡视线的树篱生长到理想高度，需要一段时间，如果您不想等得太久，当然也可以助上一臂之力。更好的方法，是将自然形态的生长和人力控制相结合。用木条搭建的框架，应该说是一种十分简便，但是效果十足的造景元素，它赋予花园空间清晰的轮廓和独一无二的面貌。这种类型的花架，为攀缘植物提供攀附的支撑，让铁线莲（藤本攀缘植物）和忍冬（缠绕类攀缘植物）长成美丽诱人的冠冕。最为重要的，是这些攀爬艺术家们枝叶间那朵朵繁花，艳丽、活泼，恰好与密不透光、遮挡视线的树篱形成了鲜明的对照。忍冬这种植物，相对而言对环境要求不高，但是更加适应阳光充足或者半阴的场地。铁线莲对光照的需求要大得多，尤其是它较为敏感的根系需要足够的阳光。您最好在它的根系周围用鹅卵石铺设排水沟，以避免积水。设计师有意降低了园中前排树篱的高度，这样一来，在保证私密要求的前提下，也能一眼望见相邻的花园空间。并不是每一道树篱的高度和设计都必须完全相同。对自然生长的状态做一些小小的干预和改动，常常会收到设计效果上的意外之喜。

布景

上图的花园里，正是细节丰富的布景让身处其中的人感觉格外惬意——同时也完全避开了陌生眼光的干扰。天然石块砌成的一道石墙，营建出一个独立的花园空间，把一片恣意伸展的绿色植物隔离在墙后，使四周环绕的风景显得静谧、安详。反之，石墙前方种在大花盆里茂盛的百子莲、细节丰富的其他植物，和一个小小的艺术喷泉，都让这片休闲区更加生机勃发、充满活力。由于百子莲属的盆栽植物不耐霜冻，请您最迟在入冬第一次霜冻来临时将它移入室内，在明亮但不过于温暖的环境里安全越冬。次年开春，您就可以放心地将盆栽再次安置在露天环境中。人工建造的背景石墙，墙体上巧妙地开了一扇视窗，能帮助您寻找到一个完美的框架，但它的本身也应与周围环境和花园的整体设计风格一致，进而融为一体。作为传统的设计手段，人工建筑物能够制造视觉幻景，吸引人们的目光，因此历来就在花园的布局中扮演了一个重要的角色。在上图的例子中，笔直的石墙与墙前墙后的植物融合在一起，并从色彩和形态上都和座椅区加固的地面互相反衬，形成了强烈的对照。

小建议

奇妙无比的竹

- 极为耐寒、耐霜冻：某些品种能够耐受 -30° C 的严寒
- 巨型竹类：乌哺鸡竹
- 微型竹类：大明竹属，这一类竹子甚至适合用于修剪造型
- 黑杆竹类：紫竹
- 黄杆竹类：黄槽竹

露天座椅

开朗大气的风格，需要有足够的空间才能体现——您不必再犹疑！设计时，请尽量不要把整个花园分为过多的小部分，以免破坏整体感；反之，您可以尽量强调和丰富局部区域的细节。花园的整体风格越偏向田园式和天然式，就越发应该精简单个元素的数量。如果整体是古典的华丽风格，或是严谨而注重细节的现代派，以上原则同样适用，只不过运用的方式恰好反其道而行之。因为在这种类型的花园里，重要的是设计时，要将各种元素充分压缩，并用细节来填充，使之具有丰富的内涵。在上图中，为了能使这种自然的气氛笼罩整个花园，露台上的布置除了必要的家具和一个小型艺术喷泉之外，摒弃了其他一切多余的装饰品。这是非常好的设计，因为在露台下方，曲径通幽的花园深处，已经有足够多的优美景色正在等待欣赏的人。

小建议

和谐的色彩

在挑选花卉、其他配衬材料，还有装饰品的颜色时，可以根据色相环来选择配色。十二色相环就能提供相当专业的帮助，它由黄、蓝、红，以及在这三原色基础上调和成的颜色共同组成。在色相环上，相邻的颜色代表和谐，而相距较远的两种颜色则会形成对比强烈的组合。

中心区域

将大面积、用地砖加固的地面分成不同的区域，这是给整体设计带来轻松感和方向感的好办法。上图中这个分成两部分的露台，就很好地证明了这一点。尽管在铺设时，采用的是两种不同的图案，使用的是两种不同的材料，但这终究还是一个露台，一个整体。类似这样的平台面积的分配方法，目的就在于简单地突出最优先的功能，令人一目了然。中间是固定的座位，外围则作为布景。同色的阳伞和台布将人们的视线牢牢吸引，停留在露台的中心区域。座位四周留出了较为宽裕的空间，这样就避免了较为盛大的节日场合宴会席上出现过于拥挤的场面。

安宁的栖身之处

您可以利用隔墙和小型建筑，比如说高架的种植箱以及平台形式的阶梯组合，来对您的花园空间进行分隔和构建。这些元素都能为您的花园增添趣味，带来变化和空间的纵深感。上图中，这个凹进去的小小的座椅区域，就呈现了以上三种元素结合起来的效果：石墙的延伸既构建出一个高设种植箱，同时也将人们的目光自然引向侧面的阶梯。这一小块极为舒适的场地，使用了自然而轻松的建造方式，在安全隐秘的气氛中，令人乐于在此停留，陷入良久的沉思之中。要想布置一个独具魅力又不失实用性的种植箱，您应该事先考虑好，花坛的周围必须保持开放便于进行园艺工作；或者是栽种植物时，不要过于深入花坛内部，尽量无需攀爬，就能方便地接触到植物。花坛的高度，以您家中写字台的高度作为依据即可。除了方形的天然石块，耐候钢板材或混凝土预制板建成的种植箱也十分漂亮，引人注目。花坛的外观当然重要，不过更为重要的是其中的内容，在花坛内填充泥土、栽种植物，才能让这幅图画最终变得圆满。原则上来说，您最好在花坛中填满肥力高、土质好的泥土，除非您想要的是另外一种风格：多石、干燥，充满极简主义的现代感。

留一个座位

突出重点，连接弧线，让人尽情享受闲坐的乐趣。即便是简简单单的一张座椅，也能在很多方面给您的花园带来积极的能量。有可能的情况下，您应该随时在花园里留下一个座位。图中的设计整幅画面格调雅致，一张极富曲线感的花园扶手椅融入其中，和谐而不失轻盈。这张靠椅古色古香，与脚边陶土花盆那斑斑驳驳的印痕搭配得天衣无缝。和那有些凹凸不平、已经长满了青苔的路面也十分协调。放置在露天的家具什物，经历自然而然的老化与变迁，这样的痕迹正是它的魅力所在。

舒舒服服地靠一靠！

这样一个小小的栖身角落，是只属于个人的退居之所，它的位置隐秘，一种特有的浪漫感觉赋予它独一无二的魅力，而在花园的整体布局中，它却只占据了一个默默无闻、并不显要的位置。正因如此，这里才真正成为令人频频造访的流连忘归之处。利用植物生长形成的天然帘幕，营造一个安全私密的环境，这应该是最理想的方法。此处的月季、墙面与密不透光的树篱也一样出色。栽种竹子或者芒草能够产生同样的效果，自然且亲切。

美不胜收

少许野性和天然的感觉，总是会给花园增添独到的魅力。在现代园林设施中，越界生长的植物四处蔓延，能够打破生硬的轮廓线条。而在古典风格的花园里，它可以塑造边框，并且让其中的风景呈现出一种开阔大气的感觉。上图的座椅区在占地宽广的花园中占据着突出位置，显示出天然情态与严谨形式之间一种堪称完美的折衷。背景部分的集中，中心部位的突出强调，以及二者之间的空旷草地，给人带来安详稳重的感受。西伯利亚鸢尾花在池畔怡然自得地生长，同时也将座椅区与园中的池塘联结在一起。

要咖啡还是要茶？

最迟到五月间，生活中散发着无尽芬芳的不再仅仅是馥郁的花朵，还有香气四溢的饮料。在优雅的环境里，躲在一个充满田园风情的小小角落，享受心爱的饮品，那滋味一定更加美妙。两侧围绕着高茎的幸福之花玛格丽特，夏天近在咫尺。盆中怒放的花朵衬托着扶手椅，在浅色的地砖上投下优雅纤细的阴影。造型美丽的花园家具当然应该安置在最显眼的地方，供人欣赏！

令人愉悦的圆圈

地面用地砖铺成圆形或椭圆图案，会比棱角分明，或是四四方方的图形，视觉效果更加轻松。选用的地砖面积愈小，地面的图案结构就愈加精致。此间，圆形图案砖地的边缘安放着座椅，凸显了这一区域的重要性，令它在围绕的花园空间中脱颖而出。这一片圆形砖地被美丽的植物环抱在中间，其中就有翠绿的转筋草（又称富贵草）。作为贴近地面的伏地植物，常青藤的重要性罕可匹敌，尤其是它几乎能在任何环境中茁壮生长。不过，在严寒的冬天，叶片部分可能会被冻伤，但只要到来年开春时，进行相应的修剪，它会重新发芽，抽出新的枝叶。要想将绿色引入用砖铺砌起来的地面区域，您的首选无疑是各种的盆栽植物。除了要注意季节性生长条件的变化，霜冻季节您还应该当心花盆，因为只有少数花盆容器能够耐受比较极端的霜冻天气，并且确保不会因冰冻而破裂。其他家具也是如此，除非您刻意想要追求一种古旧、磨损的外观效果。漂亮的装饰、效果鲜明的花卉植物，使人甫一坐定，便会感到身心愉悦。同时，离开圆心放置的座椅家具，也给花园整体带来一种视觉上的张力。

小建议

开阔大方的设计

空旷的地面在脚下延伸，眼前的视线一览无余，如此布局，会造成大气、开阔、引人入胜的效果。您可以从座椅区域出发，来设计您的花园。在计划整体布局时，必然要安排一个区域，能让眼睛得到休息，比如说一片草坪或是水面，这其中最好不要安置令视觉特别兴奋的元素。

安静的观者

四下眺望，美景如画！也许可以考虑再添一把椅子、一张小桌子；不过，即便什么都不添，这个小花园也已经足够完整。通常来说，日式花园的基本特征在于大地与天空之间，所有元素合为一体的完美风致。除了这种理想化的自然概念，最重要的是需要这样一个所在，从这里可以安静全面地观察，并且体味斯情斯景，天地合一。正因如此，园中这张线条优美的扶手椅被刻意地安放在凉亭边缘，这样能使观察的视界达到最大限度。椅子安排在高出地面的地方，避免了观者闯入风景，使人的身心都游离于风景之外。

玫瑰色的小天地

每一块如此狭小的方寸之地，都能像图中这样，通过栽种合适的植物，设计地面造型和视觉焦点，改造成一个小小的独一无二的世外桃源。密密匝匝的花草植物，设法阻挡了外来者的视线，同时也给您的休闲区域定制了完美的边框。种植树篱当然是其中一种选择；而另外一种方法，使用篱笆或矮墙，让蔓生的玫瑰密密地攀缘其上，对那些比较开阔、阳光充足的区域来说，应该更为经济，效果也更好。或许您可以在与邻家花园边界保留了足够距离之处种上那些生长体积庞大，十分占据空间的野生玫瑰品种。野玫瑰除却绚烂的花朵，深秋时，枝头还会点缀一串串丰足的玫瑰果。藤本玫瑰的枝条下面要用支撑物、花架等来支撑，引导它们向上攀爬。如果想要比较细致的攀缘效果，可以选择那些蔓生的品种，这类爬藤玫瑰的枝条更为柔软，易于造型。羽衣草和玉簪混种在一起，在座椅区和花园其他区域之间划定了一道及膝高的分界线。蓬勃生长的植物散发出一股旺盛的生命力，使石板地面放射状的线条变得柔和，石板之间填充的无数鹅卵石，构成了细小整齐的石子图案。

木屋

天然的舒适感，加上一缕遥远的东方风情，材料质地轻盈。上图的设计参考了传统的亚洲风格，用刚竹制成稳固的框架结构，确定了整体空间的轮廓；再利用悬挂的竹席如同墙面一般封闭了整个空间。天然石块砌起的矮墙，里面构成了植物区域，相当于一个种植箱，而在这个设计中，造型与功能又有点类似于一排低矮的橱柜。横纹的木板铺地，突出了整个设计的木质主题。开放性的建造方式增加了一种自然的感觉，轻松活泼。这道石墙的功能在整体设计中不占主要地位，并且石墙的高度不超过四层石块，因此您可以用较为简单的方法将它垒起来，坡度应该保持在墙高的 10% 到 20% 之间，与地势倾斜的方向相反。最下层的石块，至少有一半高度应该固定在土中，将与石块等高的一层矿物混合物填料铺设成地基，基本已经足够稳固。如果石墙高度增加，地面承重的压力也会加大，此时就需要正式打下牢固的地基，并且铺设斜面防水系统（PVC 排水管道），以确保整个设施经久耐用。

自由就座

您希望给自己的花园搭建一个正式的框架，事先规定好不同的功能分区，只有在这种情况下，才必须把休闲座椅区固定在一个地方。否则的话，只要有足够大的空间，您也愿意随时布置和定位您的花园，随心所欲，那最好还是把精力花在景物的布置上，大可不必耗费财力，去寻找一个合适的供人闲坐的地方。左图中，这个气氛轻松的烧烤点，必要的时候，可以很快拆除或者重新搭建，但是，它实际上满足了作为休闲地的所有功能，安全私密、舒适，并且实用。为了避免一场大雨之后，放置在露天的桌椅家具陷进泥地里，您最好将桌椅安放在固定的小型支垫上。

雪球效应

将背景植物的显著特征传递到周围地面栽种的植物上，在左图的花园中，设计者通过一种巧妙的方式做到了这一点。借助于对锦熟黄杨的修剪和造型，常见的欧洲荚蒾那雪白的球状花朵，在球形的黄杨树身上获得了生命的延续。鬼灯檠巨大的叶片也参与其中，从而使得这个位于光影交错的地带，布置得小巧可爱的休闲区拥有了完整的边界。无论是座位，还是铺砌着砖块的地面，都因此而显得风格柔和，恰到好处。欧洲绣球喜湿润，肥沃的泥土，而鬼灯檠则需在避风的地方生长。

圆顶小屋

图中的造型令人想起爱斯基摩人的圆顶小屋。无论是曲度优美的弧线形拱门，还是密不透光、遮挡视线的树篱，或是成片的绿化，欧洲鹅耳枥几乎无所不能；它极耐修剪，并且对栽种地点和环境的耐受性很高，因此能够用来解决关于边界和绿化方面差不多所有设计上的问题。除了必须设置一个用来定型的攀缘支架外，像图中这一类的绿色空间，还需要大量的园艺维护工作，以及维持不变的外部条件，才能够使欧洲鹅耳枥的叶片如此浓密，并且长成这样完整的造型。利用桌椅、灯具以及盆栽植物，可以在绿色的圆顶小屋中营造舒适的居家风味。

柔中有刚

这样一个完美的角落，无论是所用材料，还是植物的选择，都极具品味。这里充满了力度，还有内在的宁静。在这个流淌着平静与力量的花园里，俗世中的尘嚣与忙碌都应该留在门外。人们面对这样的自然风光，内心中甘居其下。要想让您的休闲区轻松而又低调，融合在自然风景当中，请在挑选桌椅时，就注意选择造型柔和、曲线丰富的样式。从大块方砖铺实的地面，过渡到松弛开放的区域，可以将单排小块地砖铺成窄窄的一条，既强调了过渡，同时也使之变得更加柔和。

小建议

树的装饰

您可以利用攀缘植物来装饰和点缀独植的树木。不过要注意的是，附在树身上的攀缘植物，不能与大树争夺阳光、空气或是水分。所有野生种类的铁线莲都十分适合，比如说常见的葡萄叶铁线莲，或者是绣球藤，还有藤本蔷薇，例如多花蔷薇或是人工培育的攀缘蔷薇品种“晨曦”。最好不要选择生长过于茂盛的攀缘植物，像常春藤和紫藤花之类，它们会抢夺树木所需的空气与营养物质。

池畔

这个小小的池塘涌出地面，如同戈壁中的一片天然绿洲。岸边那棵独植的大树，作为视线的焦点，使池塘以及周围的地面成为牢牢地扎根在花园中稳固可靠的景观。只要情况允许，您可以利用树木来定位，并突出单个的造景元素。通过这种方式可以更好地确定方位，提供视觉上的依托，收获阴凉和空间效果。只有当所有的元素融为一个整体，互相衬托，和谐共处，才会产生独特的魅力。园中放置的椅子色彩淡雅，设计上采用了比较低调的造型，与砖石地面一道成为连接池塘、树木和外围植物区（玫瑰拱门）之间的过渡元素。在池塘周围，植物区的前景部分，岩白菜绽放着粉红的花朵，那厚厚的光亮叶片给画面添上了美丽的一笔。这种半灌木对环境几乎没什么特殊要求，在这样阳光与阴影交汇的地带，恰好能为您所用，无论是当成赏叶植物，还是种在树下或池畔，效果都极为出色。每年头次霜降之后，它那革质的叶片被染成亮眼的红色调，着实令人叹为观止。

玫瑰的浪漫

人们对于田园风情的向往，应该归结于那种独有的放松和适意。点点烛光灯火，装饰物品信手拈来，加上玫瑰植株繁花朵朵，香远溢清，令这一片供人闲坐的所在几乎成为田园风味十足的花园空间。单个造景元素汇聚在一起，整体效果十分和谐。画面前景处，柔毛羽衣草开着嫩黄色的花，与白玫瑰形成了参差美丽的对照。几乎没有哪种植物门类，像玫瑰这样品种繁复，多姿多彩。通过它那变化万端的生长形态，您可以设计许多园艺场景，风格迥异。您可以选择匍匐生长的地被玫瑰，作为在地面或是树下的植物，选择矮株玫瑰，来为您的灌木花坛添一曲粉红的弦外之音。以灌木形态生长的品种，伸展着长长的枝条，例如“花期”或是“春之金”，是极其美丽的围边植物；而像“晨曦”或者“怜悯”这些品种的攀缘玫瑰，则会给矮墙、篱笆和建筑物的墙面笼上一袭典雅的玫瑰色纱裙。要想选择合适的玫瑰品种，决定性的标准应该是不同品种的玫瑰相应的生长形态和高度。如果栽种地点（阳光地带、通风良好、土壤肥力充分并经常彻底松土）和栽培目的都很合宜，并且明确，那么对于玫瑰种类的选择，基本上可以根据个人的品味与喜好来定。

小建议

假日氛围

您可以全身心地尽情享受：

- 潺潺流水
- 细沙铺地：微微的颗粒
- 长草摇曳：拂子茅
- 叶片在风中簌簌的吟唱：竹子或是欧洲山杨
- 芬芳馥郁的香草：鼠尾草

流泉之上

在这里，人们可以完全沉浸于大自然的怀抱。身处这片圆形平台之上，不受任何干扰，只停留在自己的世界中。在天然的环境里使用人工材料，当然并无不可，只是收到的效果，将远不如预期的那样美好，令人气定神闲。此处铺设露台的石板平整，经过精心切割，为您的闲坐时光提供了一个安全而迷人的平台。石板边缘刻意保留了石材的粗糙感，突出天然风味，也在视觉效果上与碎石垒起的高台保持一致。竹子、玉簪和鸡爪槭，给坚硬多石的整体设计增添了一种生机勃勃的风貌。

小建议

天然去雕饰

弧度自然的曲线，本身就洋溢着一种柔和、天然的风情。只需设计几处小小的留白或是弧线，就能打破木质地板和砖石地面的生硬轮廓。填补“空隙”的材料可以信手拈来，漂砾、草本植物、蕨类植物或是石头花园的植被，都是很好的选择。

木之风骨

要想在天然水面的近旁，小心而优雅地栖居，需要独到的眼光和设计上的天分。如同上图中这种情况，通往水面的地势起伏，存在若干高度级差，值得推荐的解决方案是台阶和梯间平台的组合设计。木质材料的台阶既能满足功能上的要求，同时也可以当成舒适的座位。最重要的是，木头台阶有一种轻盈灵动的效果，并且能和谐地融入天然景色当中。铺设木板时，您一定要随时注意几个施工要点（龙骨铺垫、足够的通风、底层铺设卵石作为排水层）。

木质露台

梦幻般的所在！丰富的图案结构和细节设计，生动的空间次序，将这个花园打造成一个迷人可爱的休憩场所，生活气息极为浓郁。天然风格和梦幻般的浪漫感觉，使它的魅力有些令人难以捉摸。木质的平台将单个区域连接在一起，平台中心是各个花园空间交汇的地方，除了连接功能之外，这一片露台还承担了作为休闲区和展示区的任务。对于一切露天的木质结构设计，最为重要的，是要采取相应的通风和排水措施，尽量减低气候因素对木材寿命的影响。与在木材表面使用防护涂层相比，目前人们更多采用的方法，是所谓建设性的保护措施。要让木头能够顺畅地呼吸，就应该在露天区域，大规模地选用未经处理、毛孔开放的本地树种心材。来自可持续森林经营管理的木材（FSC 认证标志）是当仁不让的首选，尤其是名贵的热带树种，选用时必须带有这一标志，毫无例外！木板之间要有足够的缝隙，避免与地面直接接触，尽量少用螺丝连接（尤其不能暴露在露天环境中！），足够的横向斜度，以及遮挡雨水的设施，都能延长木材的使用寿命。采取了这些方法，日晒雨淋，天气的影响就不那么重要了。

小建议

防雨的绿叶屋顶

要建一个这样的顶篷并非没有可能，只是您一定要栽种正确的攀缘植物，使用正确的攀缘支架。一般说来，只有那些枝叶浓密、适合用来绿化藤架凉亭、生长旺盛、生命力强的植物在考虑范围之列，例如马兜铃属植物和葡萄等。一些树冠亭亭如盖的树种，其中主要有椴树和二球悬铃木（即英国梧桐），栽种时一定要密集地紧挨在一起。少许横向支撑能够加固您的绿叶屋顶。

绿叶顶的园中小屋

这是一间真正舒适惬意的小屋，由稳固的攀藤支架结构和两棵高大的黄花柳搭建而成。藤架上垂下绿色的枝条，还有整体景观的天然设计风格，都显得格外美丽。坐在绿色的小屋中，风雨不侵，向外看去，视野开阔，这样的所在让人流连忘返，不忍离去。悬垂的藤蔓和叶片，巧妙地挡住了用来支撑的框架结构。实际上，要想在您的花园中也布置这样一处实用、大方的景观，相对而言并不困难，您只需搭建一个结实、简单的木结构或钢结构的支架，确定轮廓范围，随后种上最适合周围环境和攀缘条件的植物，再静待它成长，就行了。喜爱半阴和避风环境的马兜铃，还有适合种植在温暖与阳光充足的地段的软枣猕猴桃，都是您不错的选择。这两种植物在生长时，必须通过拉绳或者棚架来牵引。不过需要留意的是，避免让拉绳嵌入枝条内，最严重的情况下，有可能会因为截断了养分供应的通道，而导致植物枯萎死亡！

菩提树下

绿叶亭亭如盖，令人心仪，可以说是美丽与实用结合的典范。它那照人的光彩，总是会在整个花园中反射出来。原则上来说，如何设计一个绿色的屋顶，有两种形式可供选择。您可以在花园里搭建一个框架结构，用木料（最好是洋槐）、金属（不锈钢！）或是这两种材料结合起来，并种植生长强劲的藤本植物，让它们沿着架子攀缘、蔓延。另一种形式，则是利用某些独植树木的生长特点，让它们长成平顶型或是伞状的树冠。俗称“英国梧桐”的二球悬铃木绿荫如盖，和树冠呈平顶状的荷兰椴树一样，都属于传统的树种。而平顶状树冠的“高峰”海棠与华丽如伞的拉马克唐棣，则为您提供了极具品位的另类选择。如果希望树木能够长成这种浓荫如伞的效果，最关键的一点，就是要保持树的间距。最为理想的方法，是在栽种的时候就在树苗之间留出一定距离，大概相当于成年树冠大小。另外，每年的定期修剪也很重要！通过正确的修剪，您可以控制树冠的长势，得到您想要的形状，并且保持树木的生机。如果树冠之间互相缠绕，共生在一起，您可以使用较轻的木料来加固您的“绿色屋顶”。

小建议

阳光普照，还是绿荫满地？

枝叶茂密，一片荫凉

· 地锦（即爬山虎）

· 木藤蓼

· 烟斗藤

花木扶疏，阳光遍地

· 凌霄花

· 铁线莲

· 紫藤花

勾连缠绕的藤萝

美得如梦似幻，充满魔力！这里所呈现的，正是深藏在满架紫藤中间的：那如同一阵紫色的急雨般盛放的花朵，纯然的生命力。不过，要想拥有这一份美丽，您需要足够宽敞的场地、结实的棚架、向阳避风的地点，还有排水良好、土层深厚、肥力充足的土壤。由于紫藤枝粗叶茂，一定要注意，老的枝干分量也很沉重，因此所搭的棚架必须坚实耐久。同样要注意的是您的排雨水管道，还有檐边的排水沟，必须防止蔓生缠绕的粗壮枝条挤坏水管！但是，不管怎样，那一串串美不胜收的花朵，值得您付出努力和代价如许。

延伸的屋顶

上图中，从房屋主体通往花园的过渡区域，设计得高大庄重，富丽堂皇。顶棚的作用，是给下面的座椅区遮挡烈阳风雨；而那两根廊柱，又给攀缘植物提供了重要的机会，助其攀爬生长。对许多藤本植物来说，廊柱的表面过于光滑，难以作为支撑。不过地锦（即爬山虎，吸附攀缘植物）和中华猕猴桃（缠绕类植物）倒是能够成功地攀附在上面。要是加上额外的拉绳，这些攀缘艺术家们会表演得更为出色。不过您一定要注意，每根拉绳上只能牵引一根枝条，以免枝条之间互相勒住，缠紧。特别适合种在此处，沿着廊柱向上攀爬的植物还有紫藤。它那丰美的花朵无疑会令人迷醉。不过，您最好能避免让紫藤这种植物直接生长在座椅上方，否则的话，您会需要不断地清理凋落的花瓣，这个过程有可能令人不胜其烦。此外，紫藤的枝条粗壮，生命力极为强劲，纤细的廊柱和牢固程度有限的拉绳，究竟能否承受它的生长，这是您一定必须认真考虑的问题。

传递阳光与温暖

上图中的遮阳篷，造型典雅，风格轻松独特，显而易见，完全能够实现遮蔽烈日和风雨的功能。首先，通过弧线性的顶棚，整个露台赢得了一种不同寻常的空间效果。屋顶朝花园方向倾斜，形成了通往露天空间的柔和过渡。更加出色的地方在于，这个顶棚作为遮挡日光和风雨的设施，外观设计特别引人注目，同时还完成了一项十分重大的挑战：雨水排放。日常产生的降水量不容小觑！除此之外，还要将整个冬季落雪造成的惊人负担考虑在内。牵涉到承重、排水，以及日晒雨淋等气候因素影响的问题，您应该在施工之前就尽可能细致深入地做足功课，争取尽量排除可能的缺陷——从而节省下日后修缮改进的成本。如果您认为生产厂家提供的数据不够充分，可以请一家本地的设计师工作室在静力学方面给出专业的参考和鉴定意见。不过，应该强调的是，只有永久性的遮护设施，才有必要如此大动干戈。如果涉及能够迅速拆卸的季节性遮阳篷，那您只需选择适当的安装地点即可。

自由的目光，毫无遮拦的视线！

在这样一间玻璃屋中落座，该是多么美好、惬意的感受。您的目光可以在自己的花园王国中自由驰骋，一切轻松美丽的景色都近在咫尺，无论风霜雨雪，烈日炎炎，美景总是与您同在。要是这间连着主建筑的玻璃小屋，拥有一个直通花园的入口，那便更为理想了。设计此类建筑设施有两点十分重要：一是玻璃材料的维护保养，二是官方建筑许可。从设计上看，这样的玻璃房应该属于整栋住屋固定的附属部分，因此，不论是占地面积还是整体建筑设计，都必须申请合法的建造许可。另外，每年至少两次集中保养必不可少！

绿树丛中的小屋

要是拥有一间美丽的花园小屋，为何还要总是坐在露天平台上？您可以随时在此停留，不必考虑天气状况。此外，花园小屋也是充满个性的设计元素，理想状况下，它的外观能够衬托与反映花园整体的色彩和形态的显著特征。周围的植物能为您的设计带来灵感，尤其是在色彩选择和搭配上；同时，它也应该与周围的花园空间环境融为一个整体。盆栽植物，比如说百子莲，能够起到居间调和的作用，将花园小屋与周围的植物联系在一起。

完美角落

图中的花园小屋前铺设着露台，这是一个很好的补充设计。如此一来，您就可以根据需要，或是天气状况，来决定在何处就座。屋旁的盆栽，那棵手植的高茎月季，当然最为重要的，还是这间小屋的位置，它恰好座落在茂密植物带的中心，圆锥型的尖顶建筑被包裹在一片柔和的绿色中，天衣无缝，所有这些都令人感受到整个景观的独特与自然。小屋的色调进一步烘托了和谐的整体画面。原则上来说，您可以这样认定，如果作为框架背景的景物，设计越偏向自然、柔和、野性的风格，那么其中的人工建筑采用棱角分明、线条尖锐的设计，就不会有损整体的印象。

童话布景

园中一间小屋，屋旁一口水井，有一点点似曾相识，仿佛来自经典童话中的场景。尤其是屋顶设计，还有小而精致的建筑物，选用白色、淡雅低调，与火焰般鲜红、怒放的郁金香，色彩上强烈鲜明的对比，令整体景观小巧而完整，引人注目。郁金香品种繁多，不胜枚举，基本是由早期的野生郁金香培育得来。园艺家们还在不断栽培新的品种，英国皇家园艺协会（RHS）根据郁金香花期的不同，将它分为十五个种类。

小建议

关于花房的知识

建造一间规模较大的花房，很可能需要建筑许可。通风面积（能打开的窗户总面积）至少必须占整个房屋表面面积的 10%，最好能达到 20%。作为“暖房”（有供暖设备，用于培植热带植物），最为理想的采暖方式，就是利用整栋居屋的中央供暖系统。而一间所谓的“冷房”，冬天时也应该能够避免冰冻，延长植物生长的季节。使用额外的取暖设施，能让仙人掌科的植物、山茶花以及一些比较娇嫩敏感的蔬菜安全越冬。

季节的延续

如果您想拥有一个四季蔬果飘香的花园，或者是某些植物需要特殊的气温和湿度条件（热带植物），一间花房，应该是毋庸置疑的选择。花房也可以设计得美观大方，为您花园的整体效果加分。图中，设计师通过大片的水面，和环绕着池塘的绿色植物，营造出一种美丽、安祥而静谧的气氛。一旁矗立的花房，不仅没有破坏这种气氛，反而通过它在水中的倒影，将整幅画面补充得更为完整。总的来说，花房作为一种目的性明确的建筑形式，它的实用功能大于观赏性。不过，即使在古典风格的传统花园里，它也是不可或缺的基本组成部分，它通常以巴洛克式越冬暖房（橙园）的形式出现，目的是让那些热带植物能够安然地度过封冻的冬季。这种花房的布局，是园林的整体设计中十分重要的一个部分，通常呈现出造型独特、线条鲜明的建筑风格。造型优美,同时能满足相应功能需要的花房，是对设计者极大的挑战。设计中需要注意的重点在于：充足的光线，其次是可以调节的小气候环境，必要时能做到通风良好、温暖并保持足够的湿度。夏季时，您一定要注意调整花房内的温度和湿度，并采取遮阴措施。

舒适无比的水上影剧院

要是您希望享受十分特别的闲暇时光，喜爱别具风味的休闲方式，那您可以让大自然来安排所有的娱乐节目。一片大大的天然池塘，就能帮您找到最合适的娱乐节目艺术家，并且让他出现在效果最好的地方。为什么必须偏偏是一片池塘呢？因为在池塘水面上，还有水中，深浅不同的各个生态区域，您可以设计并布置多种多样的植物——再加上水中不断变幻折射的光线，令人目眩神迷。要想令您的花园独一无二，可以在选择植物的时候，多关注那些生长形态特殊的稀有品种。不过首先必须满足的条件是：栽种环境和栽种地点，必须适合这样的植物生长。除了花草簇拥、绿意葱茏的池塘，此处一种独特的氛围，还来自三处十分显眼、互相衬托、非比寻常 的点睛之笔：前景处的一棵叶色鲜红欲滴的细叶鸡爪槭（又名羽毛枫），一株杨氏垂枝桦，还有一株大西洋雪松。无比惬意地坐在舒适的檐下座椅中，尽情欣赏着眼前色彩艳丽、变化万端的景色，本就是无上享受，座椅区延伸到水面上，又添了一种别样的风味。

启程去南方

在自家花园里培育南方地区的果木，实在是迷人而别具异国风情。作为有益健康的水果品种，它们深受喜爱；而作为温暖南方的使者，更是几乎拥有令人尊崇的地位。要是能够常年拥有一棵生机勃勃的柠檬树，可以说是一个小小的奢侈。如何在您自己的花园里实现这个梦，收获美味的南方水果，上图中这座玻璃造的建筑物，已经向您展示了答案。从设计上和功能上的特征来说，它相当于一座橙园（巴洛克式越冬暖房）。那一扇扇落地窗，和倾斜的开放式顶棚设计，正是此类暖房典型的重要特征。一直以来，橙园以庄重大方的风格而著称。因此在设计形式上，不能过于小巧，需要有一定的规模，给人带来视觉上的冲击力。此处的设计还有一个额外的惊喜，这幢建筑物与周围栽种在露天的植物共生，和环境完美地融合在一起。最好的例子就是那株葡萄，枝叶茂密，充满生机地攀附在落地窗边。作为一种经典的攀缘植物，它与至少同样经典的园林艺术建筑——橙园，配合得天衣无缝。葡萄最好种植在土层深厚，土壤透水透气性良好，并且避风，日照充分的地点。秋风起时，葡萄藤上的叶片会变成迷人的紫红色，让您在季末还能拥有一道亮眼的风景。要是运气不错的话，藤上或许能收获美味的果实！

通透的玻璃建筑

这间玻璃屋座落在樱桃树下，再合适不过了。美丽盛开的花朵，枝叶伸展的树冠，并且除却少数只开花不结果的树种之外，多半还能结出甜美有核的樱桃果。正因如此，树下的一把靠椅，丝毫不会令人感觉突兀，椅背倚靠着高仅及膝的矮墙，朝内摆放，这样的布置充满了浪漫感觉，并且和旁边房屋的扩建部分搭配得相当和谐而出色。屋内和室外的地面几乎齐平，形成了流畅的过渡，同时地面的颜色也互相映衬，十分协调。透过大面积的门窗玻璃，视线同样能够自由流动，至多是玻璃屋内美丽的装饰和布置，能吸引人们的目光在此短暂停留。

美好所在

一间花园小屋，实际上在最有限的空间之内，浓缩了夏日户外所有的生机和美好。小屋是否舒适惬意，除了屋内的家具布置之外，同样重要的，还有它在园中的位置，是依在水边池畔，还是隐于绿叶屋顶掩映的角落，或是索性作为起居室的延伸部分，与住房直接连在一起。选择将小屋盖在何处，一般是经过审慎思考的。另外，由于花园小屋普遍采用简易开放的建筑方式，防晒和隔热效果相当有限，这一点在选址的时候也要充分考虑。左图中，木藤蓼枝叶缠绕，密密实实地裹住了屋顶。安宁、隐秘，而不失美丽。

典雅的花园中心

要想让人感受到古典风格园林的完整风貌，亭子，无疑是其中重要的部分。亭子四面通风，又是天气恶劣时上佳的栖身之所，不过最关键的一点还在于，它能够强调并突出独立的花园空间。无论整体设计采用何种风格，亭子都是花园中当仁不让的点睛之笔。您可以将亭子当成各种单独功能的接口，以及园中道路汇聚之处。有意识地将视线的焦点引向花园中心的凉亭，您就能拥有类似于图中这样，完整、生动、纯美的花园景致。

树干墙

完全是一种另类的感觉，却同样那么引人注目。在右图的设计中，所有常见的石头、金属和木质材料的造景元素与造型，都被彻彻底底地重新诠释，运用的是不折不扣的现代设计语言。不过，这里的布置依然相当舒适。整个花园空间的综合效果，令人印象十分深刻。数不清的原木树干堆砌成一面墙，无论是视觉效果，还是空间感觉，都难以被超越。正是木材这种天然原料，能够给人无穷无尽的设计选择。请您注意，图中草地上斜铺的木板（！）。其实操作相当简单，只需要在铺好的草皮上掏空一块，底下垫上一层几公分厚的鹅卵石，大功告成！

小建议

镜子，镜子……

通过光洁表面的反射、映射和发光效应，您可以获得空间放大的视觉效果，令花园显得更加宽敞，并且实现阳光和露天场地之间的互动，动感十足。适合的材料（耐腐蚀，不受气候影响）包括不锈钢、金属薄膜或是镜面玻璃、有机玻璃、玻璃以及艺术玻璃，还有大理石板材等等。

白色轮廓

为避免大型的遮阳棚阻挡视线，或者由于过分庞大显眼，在花园中喧宾夺主，一般来说，相比那些固定设施，选用活动的或者是安装较为简便的遮阳装置更为合适。如果您不喜欢阳伞，那么在满足相应安装条件的情况下，简单的拉出式，或是下翻式的遮阳设备应该是不错的选择。上图中的拉出式遮阳篷，充满现代风格的设计感，造型高雅简洁，不仅能满足遮挡阳光的功能，而且成为花园中一道设定的风景。作为纵向的高度分界线，它还起到了划分立体空间轮廓的作用。

撑起房顶的植物

上图的花园中，建筑与自然完完全全融为一体，赏心悦目。正因如此，加宽的屋檐下，那片露台显得气氛融洽，别具风格。盆栽植物和锦熟黄杨修剪而成的棱角分明的正方造型，双双点缀着前庭区域，明确地展现出造园者的设计意图。融和，强调，收敛的野性。藤本月季和铁线莲，生机勃发，长势强劲，看上去仿佛是它们茂密的枝叶，正在支撑着整个屋顶，完美地呈现出大自然狂野的一面。这种大花铁线莲由久经考验的野生品种高山铁线莲或者是绣球藤经人工培育而成，目的是为了获得最大的花朵，最美的颜色。大花铁线莲的种植时间最好是在初秋，赶在霜冻前，让植物根系充分扎入泥土，因为人工培植的品种比野生种类更易受到霜冻的侵袭。如果遇到尤为寒冷的冬天，建议您在新栽植株敏感娇嫩的根部区域覆盖落叶层，用来保暖。除了需要种植在阳光充足的地带，还要注意土壤必须湿润、肥沃，并且排水良好，避免积湿现象。

飘然欲仙的宁静之岛

看上去，它似乎独自漂浮在水面上。好像就是这样跑过去，随后从岸边轻轻荡开。这间造型优雅、风格纯净的小木屋，是一处宁静的世外桃源，一座远离尘嚣的和谐之岛。它通体洁白，内中布置着几件简单清爽的桌椅家具，整体的设计显得既柔和，又安详。不过，要想让造型如此轻松优雅的建筑，能够静静地站在这里，经受岁月和风霜的考验，它脚下的地基一定得坚实、稳固，防水性能优异。对于这类岛式设计来说，稳固永远都是最重要的。而处于日复一日的潮湿环境中，对于水分不断的侵蚀作用，绝对不能掉以轻心。如何尽可能地减少水分侵蚀的影响，可以说是此处最大的挑战。请您无论如何不要擅自进行整个建筑固定方面的设计和施工，因为您并不清楚有关静力学方面的承重极限。这一类设计中，基柱通常会选用坚固耐用的心材（比如说洋槐、橡树，或者特殊情况下使用的柚木），必须是粗壮结实的整根木料，或是金属部件，落脚在相应尺寸的混凝土地基当中，进行固定。基柱的上方是整体的承重结构，地面材料（地板或地砖）则固定在最上层。工作量确实不小，不过效果也确实令人一见难忘！

小建议

无缘遮挡风雨，却能安抚心灵

比起遮挡炎炎烈日，或是陌生人的目光来说，心理上的安全感有时候显得更加重要。只需设置一处轻巧、通风的屏障，用来象征性地阻挡视线，例如一片细巧的铁艺栅栏，上面爬满大花铁线莲，舒适而美丽的闲坐区就唾手可得了。

穹顶舞台

木头固然是很好的材料，但有的时候，金属的效果反而更为出色！尤其是在设计时，要求典雅精致，坚固耐用，希望令人感受到古典风格，或是需要突出某一部分花园空间，甚而是刚开始构建花园空间的时候，金属材料的优势会一一凸显。金属特别适合作为顶棚的材料，牢固结实的同时，看上去十分轻巧。在上图的花园中，金属管弯曲成漂亮的弧度，构成了天穹状的圆顶，通透的金属骨架，与攀缘其上的绿色植物结合在一起，牢牢地吸引着人们的目光。常见的藤本植物之外，五叶木通是非常有意思的一个选择——要是您运气好一点的话，还能收获味道不错的果实！

1 柔软的椅垫

如果您想拥有这样的椅垫，就请把任务交给流逝的时光，还有大自然的心情吧。一条古旧的石凳，在潮湿阴凉的环境中，会很快覆盖上一层苔藓椅垫，又舒服又软和。想要长时间把它留住，您只需要做一件事：顺其自然。

2 花雨中

简单而美丽，正好用来形容大朵怒放的杜鹃花丛下，这张看上去有了些年头的木质长椅。长椅或坐或靠，再理想不过，艳红的花瓣飘落，装扮着椅子，点缀着草地。会有谁需要一把伞，来遮没这一阵花雨？

3 简单易行的靠背

其实，凳子本身并不一定非要有靠背，您也大可不必因此放弃靠背椅的舒适。您可以利用环绕在凳子四周的植物，自己设计出扶手和靠背。图中的造型修剪树篱只是上前一步，就成为一道令人注目的风景。

4 蓝调时光

不仅仅是石桌、长椅，而是整体的布局，使得画面如此协调。别忘了给金属长椅配上舒适的椅垫，在左近摆上两三盆迷人的盆栽植物，您就已经在最美丽的阳光下拥有了一个座位，安静隐秘，色调明快，充满浓郁的田园风情。

5 天然石凳

这个座位如此隐蔽，几乎被严严实实地包裹在大自然怀中，但是毋庸置疑，坐在此处，能够看到伊甸园的风景。要是您想在遮阴区域打破既定的轮廓线，或者谱出一曲郁郁葱葱、天然生长的田园交响诗，值得推荐的植物还包括翠雀花和斑点珍珠菜（即黄排草）。

6 坐下别动！

发生紧急情况时，您可以驾驶着这张别致的长椅，开往别处。其实光是身后那光彩照人的倒挂金钟，就值得您在此地停留良久。什么时候去老谷仓里翻翻，或许就能改装出这样一套风格粗犷而朴拙的桌椅。效果绝对很棒！

1

2

3

4

5

6

实用篇

将美丽与实用合二为一

要想建成一个既能满足各种需求，又拥有独特风格的花园，必须要将许多拼图的碎片完整地拼凑在一起。无论是作为一名园丁，或是考虑到自己的舒适方便，都会需要很多切实有用的方法和小工具。实用的客观功能和愉悦的主观感受相互交织——花园才能真正成为您流连忘返的私人空间。

花园中，每一个独立空间的具体安排和布置，都要考虑很多因素的影响，其中起决定作用的，是花园空间未来应该承担的功能，以及它目前的状况。是否已经有独植的高大树木，给花园空间构建了醒目的框架，或者这座花园早先的阶段，已经留下了一些富有特色的东西？究竟是尽可能保留和沿用这些现有的元素和功能，将历史的发展纳入新的设计中去，还是从头开始，打造一座全无过往岁月的烙印，只属于您自己的梦想之园？

不论怎样，在选择材料和植物种类，以及其他必要的元素时，花园的地理位置和周边环境都是极为重要的参考标准。

实用篇

您应该可能让眼中的一切变得养心怡情，赏心悦目！无论目的为何，是要将地势高低起伏之处找平，还是想要遮挡陌生人的视线，抑或只是要安排布置一处劳动场所，进行园艺活动，其实宗旨始终如一。您的愿望，是最终能够感受到幸福和惬意，最好能在属于自己的花园里，度过每分每秒的闲暇时光。

不过，在一切变得美丽之前，您必须先充分，深入地了解和研究您的花园，以及它的周边环境。贸然动手，获得的结果基本上不太可能保证持久。要想从花园里得到长远的快乐，先将目光投向较近的未来，绝对会有帮助。或许您想要将花园中的某些区域改造成蔬果园，也可能刚好相反，您恰恰想要退耕还林：把更多的空间重新返还给大自然。思考过程中，您一定要设法将有可能产生的园艺工作量考虑进去，当然，这里指的是额外工作，不包括修剪草坪和灌溉。如果您非常注重强调季节性特征，并且希望利用盆栽植物灵活机动的优势，那么换盆就是不可避免的额外任务。要是您想亲自照料自己的花园，播种和育苗、施肥等等，早晚都是无法推脱的任务。

这是一份繁重然而十分美好的工作，必须要在花园里安排一处合适的工作场地，才能干得得心应手。只要布置好适当的家具，以及一些个人用品，这里很快就会成为您进行园艺实践的中心枢纽。或许您还收藏着一些式样朴拙老旧的园艺工具，那就把它们找出来，点缀您的工作台，让它变得更加完整吧。这样的老古董会焕发独特的个性与魅力。在安置一些必需物品的同时，您的露天工作间还应该随时呈现出您在园艺中的个性。可以说这是个一定程度上的特例：比起一间井井有条、纹丝不乱的园艺车间，稍显凌乱的风格，魅力要大得多。

您可以通过地面建材和其他材料的选择，来彰显您在园艺设计上的优良品质和表现力。使用本地常见石材，能够突出地域特色。反之，要是选择产地距离较远的建材，乃至选用海外的材料，则能够绘制一幅独一无二、充满异域风情的画卷。总而言之，在这种情况下，您尤其要注意，关注一下原产地信息和产品的生产条件。不过，能够用来加固地面，或是搭砌墙体的，不仅仅是天然石材。值得推荐的还有混凝土材料，它是一种用于园林设计极为理想的建筑材料，用途广泛，变化多端。它的色泽丰富多样，表面处理可以粗糙，也可以平滑，或圆润，或棱角分明：混凝土堪称无所不能。

浇灌植物是一项长期的任务。要是在您的花园中，本有优质的水源，能够用于灌溉，那是再好不过的事。除此之外，一口井还有这样的优势，您只需要稍稍用心，利用一点资源，就能够设计出独具风格、效果极佳的景致，吸引人们的眼球。花盆、装饰物、天然石块或是植物，都能令一口功能型的水井摇身一变，成为独具魅力的水之源。

收获蔬果的功能和风格鲜明的外观结合起来，令专门种植蔬果作物的花园别具特色。这样的作物种植区域一般说来，永远都难以完全融入花园的整体。不过它在大型的园林交响曲中，扮演着最为重要的角色。蔬果作物园地把观赏性和实用性融合在一起，而且必须考虑充分利用土地面积，还有环境因素、收成的预期等等，将各种不同的植物互相混种、套种，目的是能够实现园艺的最高境界：摆脱依赖性，独立发展。具体到种植区的设计上，这一点主要意味着可操作性，多样性以及多功能性的汇集。

您的花园空间是否需要遮挡视线的屏障，或是遮阳、遮挡风雨的设施，常常要到具体使用的时候才能得知。不管要满足哪一种遮挡的目的，您都可以在树篱、矮墙、木板结构、帆式遮阳篷、布帘当中任意选择效果最好的解决方案。结实耐用的程度和防护效果，直接决定了相应的解决方案是否最为有效。比方说，对于帆式遮阳篷来说，最重要的就是，季节性的拆卸方便的遮阳篷是否能够满足您的需求，或许您希望它能够全年提供防护，这就直接影响到支撑架的尺寸，以及遮阳篷面料的选择——进而决定了帆式遮阳篷的视觉效果。

总的来说：实用的设施也可以体现自己的风格，拥有一种独特的灵气，并不需要总是被隐藏在背后。恰恰相反：您可以大胆地展示自己花园的内在气质，将实用与美丽合二为一！

终于可以享受园艺的乐趣了！

上图中，从花园到工具房的路十分近捷方便。三步并作两步，就可以再进来一趟，看看能不能找到一个合适的植物标牌。这间扩建的小屋宽敞通风，用来收藏美化花园的园艺用品，再合适不过了。同时，它还能遮挡风霜雨雪。这是一个十分理想的工作场所，通过这种开放式的设计，人在其中，可以一直保持对整个花园一览无余的视线，能够全面观察到花园的整体和局部之间的关系——从而更好地判断自己园艺设计的效果。从屋内进入花园的过渡流畅而平坦，这样的设计好处很多，您能够在搬运较重的物品时，避开门槛一类的障碍，甚至于有必要时，也能直接用上两轮或者独轮推车。光线充足的设计，能让您在劳作之余，还可以在此享受一点优哉游哉的时光，或是读一读园艺书。您可以将书中得来的灵感马上付诸实施，在近在咫尺的花园中试一试效果如何。要是您没有偏于一隅的工具房，或是与住屋分开的园艺工作间，但仍希望在室外拥有一处工作场地，那么像这样，直接连着住屋扩建的顶棚设计，是最为理想的。特别是通过铺设同质的地面材料，使这间小屋与花园之间产生了一种整体归属感。

我是业余园艺师

将实用设施与美丽的外观、舒适的感受结合在一起，对于园艺工作场所来说，具有特别重要的意义，花园，作为一个充满和谐与个人满足感的地方，一直都给人以享受和放松。这也正说明，在现代风格的花园中，要想设计一个实用同时又充满视觉吸引力的园艺工作场所时，经常用到老式的乡村家具，是有其原因的。常常光顾旧货市场，关注一下乡村地区人们搬家时售卖的旧家具，或是询问修复老旧艺术品的店家，这些都是理想的源头，能够为您自己的花园找寻到合适的家具摆设。像这样的家具摆件，一般来说都有些年头和故事在——它们那种独一无二的味道，正是崭新的家具不可能给予的。上图中的这间园艺工作间十分宽敞，除了满足日常的园艺需求之外，还能布置一些小小的角落，专门用来收藏摆放各色各样，杂七杂八，风格粗犷、简单的装饰品。这些小饰物特别适合小屋的风格，完美地修饰了每一个角落，让园艺工作场所也成为吸引人常来造访、逗留的地方。要是您选用红砖材料铺地，可以与整体建筑紧密衔接，并且在地面效果上，体现出这种淳朴简洁的乡村风格。地面的色调，也强化了红色系的陶土花盆那种温暖的色彩效果。

井然有序

花盆、植物标牌、花土、种子、肥料、工具，林林总总。进行园艺工作，需要各色各样的物品，要是能够一一放置在随手可得之处，那是再好不过。如果想让园艺变成一项愉快的劳作，一定的组织和秩序，不仅能带来轻松方便，甚至可以说，是您更快找到个中乐趣的好助手。橱柜，或是带许多小格抽屉的柜子，特别适合用来储存各种园艺用具，同时视觉效果也很不错。布置您的园艺工作室时，一定要注意采光良好，并且安排足够的空间，用来堆放育种盘、育苗花盆以及育苗所需的相应材料。

取工具处

传统意义上的园艺工作场所，看起来当然有点不一样。图中将所有大大小小的器皿收集在一处，成了一道引人注目的景观。种在一旁的欧榛树枝叶交错，将这个搁架融入花园里。不管什么时候，需要浇水壶或是花盆，您都可以从这里拿取。正因为在园艺活动过程中，不可避免地随时需要一些工具和器皿，因此一定要将这些东西从视野中清除出去。工具器皿，本就属于花园。您一定能在自己的园子里，找到一个特别的地方，将这些工具和器皿集中放置，就像图中这样，既漂亮，又实用。

花盆之家

美得独特！这里也是换土装盆、做一些园艺活儿的理想所在。无论什么时候，您一定能在这儿挑到合适的花盆。自家花园里，偶尔也可以稍显凌乱，索性让大自然随意决定吧。此处作为背景的常春藤，如同一道帘幕，似乎是执意要将所有的花盆和器皿紧紧拥入怀中，营造出一种天然气氛。在设计中，要想强调额外的或者是季节性的重点，盆栽植物总是一个非常好的选择。到旧货市场，最好是乡间的市场上去搜寻一番，或许您会意外地找到能栽种植物的花盆、盘碗或是陶罐。这些东西，正规的家居商场可不见得有售。

园艺实践者的小屋

在花园里安置一间小屋，专门用来存放各类工具，肯定是有意义的，完全毋庸置疑它的实际功用。光是把工具机器、土、还有花盆拖来拖去……不过，要是这样的小屋也能同时成为植物、装饰品的展示区，还有花园空间构成的一部分，那就堪称锦上添花了。可没有哪本园艺教科书上写过，禁止藤本植物在这样的小屋墙上攀缘，也没有哪本书上明确表示，工具屋的建造，必须无条件地遵循纯粹实用主义原则。事实上，要是劳作的场地能够设计得爱意十足，充满个性，园艺活动一定会您带来更多乐趣。这样的小屋，也能更好地融入花园的整体图景之中。

花工场

墙上的地锦（即爬山虎）如同碧绿的帘幕，更有两只齐整漂亮的陶土大瓮，栽种着绣球花。在这样的环境中，园艺工作会很快变得充满兴味，首先大家心中有数：及时换盆栽植，小心地呵护植物，能给自己带来何等美丽的惊喜：繁花似锦，明艳照人，令人叹为观止。与种在露天土地中的绣球花相比，选择盆栽的绣球花，您可以更加方便地调整花土的酸碱值，从而直接影响日后开花时花瓣的颜色。因为偏酸性的土壤会使绣球花呈蓝色调，而碱性的土壤则刚好相反，开出的花朵颜色偏红。上图的花园中，在色彩丰富的背景当中，装饰品修饰点缀的效果尤为突出，另一方面也不乏实用功能，同时并不给人造成过于刻意和呆板的感觉。为什么能做到这一点呢？原因就在于，尽管有大量的花盆和工具，仍旧能够设计出很好的园艺效果。有必要的时候，您可以很方便地把这些装饰物藏在推车或是筐子中，把盆栽植物挪到别处。要想让园艺工作场所在整个花园里不那么显眼，一定程度上的掩藏或是遮盖未尝不可。

小建议

从实际出发考虑问题

露天工作场所的附近，一定要有自来水接口。照明和电动工具还需要电源。请您一定要考虑，安排足够的地方来放置花土、花盆等等，以及几个放置工具和其他材料的抽屉搁架。使用表面经过防腐处理、清洁起来快速方便的工作台和家具，可以让露天工作场所的维护更为轻松。

植物矮柜

对于完成劳作任务来说，这个地方似乎有点过于美丽了，植物和器皿互相映衬，看似随意，实则经过悉心布置。用来做这样的展示，或是完成换盆、分盆等工作，条桌和矮柜都是最合适的。要是桌柜上还能有些抽屉或搁板，就更为理想了。怎样让您那些花盆和器皿也成为一道小景，哪怕其中并未栽种植物，图中互相套叠的陶制花盆，就做出了优美的展示。半开的抽屉，随意露出来的布巾，以及扎成一束的植物，让人感觉它们似乎是被遗落在此处。这种浪漫随意的风情，还有貌似未完成的画面，正是设计者用来突出风格的重要手法。

一条石子路

这条沿着池塘的小径，设计得美丽而经久耐用，但是绝不难走。黑色玄武岩的大块漂砾，铺在整片相同质地的小块砾石上，给大块的踏脚石额外的支撑，同时让整体环境拥有了一种风格鲜明的——石质的——纹理图案。适合栽种在石缝间的樱草，作为一种点缀，给整个环境带来生机，与蕨类植物，例如球子蕨结合在一起，与石头形成了一种鲜明而有趣的对照。

跨越者

要想设计出风格天然、轻松的场景，木质材料总是适用的。作为地面或是路面材料用于露天，木材的地位相当特殊。上图中，木结构的台阶作为连接元素，从石板地面抬高，成为整片碎石地上方的一座小桥。此处的设计充满轻灵感，因为这样一来，木结构台阶的绝大部分下方中空，灌满了空气，足够跨越身下的碎石之海。通过一道窄窄的排水缝，一方面将木料的线条感传递到方砖地面上，另一方面也保证了将雨水引入地下。

网格海

通风、牢固、时尚，并且基本完全防滑。作为横跨水池上方的桥面材料，金属网格状栅板是代替木板或石板的一个很好的选择。网格中间甚至于能任植物生长，也不会对它发挥桥梁或是连接池岸的功能有太大影响。您甚至能够根据具体的要求，来选择确定网眼的宽度。网格状栅板在固定时，一定要注意，下方的支撑结构不能选用木料，而是最好像图中这样，选择与栅板相同的材料，至少也要选用抗腐蚀的金属材质。

充实饱满，富于变化

用一块块踏脚的石板铺成小径，能给您提供变化多端的选择，把必不可少的起连接作用的小路，转换成为充满魅力的造景元素。无论是鹅卵石，还是碎石子，洒满在石板间，都能给地面带来更多的动感和变化。同时也给每一块踏脚的石板更好的支撑。天然石板在铺设时，不断地变化方向，也能使整条小路的外观显得更为生动。选用同色系、搭配协调的材质，或是刻意在色泽和材质的选取上，强调一种反差和对照，以及如何将小径嵌入独立的花园空间，最后都会影响整体效果。作为点缀，使小路在视觉上变得完整美丽，这里推荐栽种轮叶金鸡菊品种“月光”。

小建议

填缝材料

您可以用鹅卵石、沙砾或是碎石子来填缝，效果很好。另外一种可能性是可再生材料，例如碎玻璃，或是回收原料的混合物。缝隙宽度至少在 10 厘米的情况下，保持修剪得短短的草皮也很适合。另一些铺地植物，例如说假毛百里香等，能给石板增添一点植物的风情。

步步为营

一块块四方的水泥板整整齐齐、安安静静地排列着，穿过这片设计严谨、形式划一的花园空间。没有过高的突起和边框，而是采用了鲜明的轮廓线条，与地面齐平的铺设方式，以及协调的色彩。选择与水泥板相配的混凝土花盆，草坪围边以及水池围边，正是您创造这样一幅和谐均一的画面时最为关键的设计手段。在这种形式整齐的设计中，最重要的，就是单个元素排列时，一定要连成一线，对准边和角。正因为踏脚石板的效果，是通过石板间的缝隙来体现的，因此您应该明确设定和填充这些缝隙。

幕启

在人们眼中，这个由踏脚石板、碎石子和天然植物帘幕共同形成的组合，似乎并不太像一条小路。这些元素互相融合，几成一体，难以分开。这其中，起决定作用的，就是长势旺盛的神农箭竹。作为窄窄的探路小径，或是通往相邻花园区域的通道，这种由一块块踏脚石板铺成的开放式小路非常理想，无拘无束。同时，踩上去也足够安全且妥当。铺设每一块踏脚石板的时候，请您尽量造出一个小小的坡度，以免雨水在石板上汇聚。后果有可能是石材老化速度加快，甚至可能无意之中打滑。整体的设计要求：风格越自然，您对材料的加工就应该越少，越简单。石板边缘呈自然的断裂状，石块表面粗糙，色泽深浅不一，恰恰突出了天然的原生态。您可以直接去开采石材的地点，在采石场里挑选未经加工的天然石料，一来大大地减低成本，二来，在那里可以找到五花八门、各色各样的石材。采石场如果在本地，就更为理想了。您能够利用这种方式，给您的花园增添一点地域风味，必要的情况下，还能随时更换材质相同的石料。同时，还可以寻觅一番，看看是否有缘，能遇到美丽的漂砾石块。

小建议

背景的展示

要想收效更佳，一般来说，水池的贴边植物扮演着中心角色。将贴边植物栽种在那一面池岸上，使它与池中的水生植物互相衬托，视觉和谐，能够增强整体效果。要是您在种植时，区分高低层次，并且至少分植两行，植物本身的风格就会更加鲜明突出。在这里种植许多种类的植物，长势都十分迷人，例如雨伞草、藨草，以及日本马醉木“森林火焰”等等。

绿色角落

图中的布局形式整齐，但是仍能让人感到丰富的变化，此处的功臣是石板地面由封闭到趋于放松的铺设方式，形成一种动态的变换。即便一块块正方形的石板显得十分巨大结实，通过铺设时中间留出的缝隙，大石板仍然拥有了轻灵流畅的风格，并且由此产生一种有趣的韵律感。随着石板向水池方向延伸，这种节奏感变得更为强烈。总的来说，利用砖缝的间隙，通过改换地面材料和铺设方向，来打消大片地面的沉重感，是非常重要的。类似此处这样，利用植物盆栽和其他装饰物品的方法，效果也很不错：一来能够充分强调个人风格，二来也可以令整体的气氛变得更加轻松活泼。不过，在图中的花园里，真正的效果，首先来自周围环境，具体地说，是在环境中占据绝对优势的薰衣草，和一株鸡爪槭，生长姿态宛如一幅图画。方正的石板形状一直延伸进入水池中，这是一处点睛之笔。蓬勃生长的丛草，掩盖了石板边缘那棱角分明的人工痕迹，恣意营造出天然区域的氛围。总而言之，利用石板，您可以进行巧妙、精确而实用的设计。

花香伴你行

利用鹅卵石铺成道路，能使整体环境显得更加柔和轻松。卵石小径成本不高，铺设方便，并且与草木葱茏、野意盎然的天然环境搭配得尤为和谐。要是您想铺设一条卵石小径，请注意鹅卵石的厚度不得低于 10 厘米，因为每踩一步，您都会翻起小小的石子，改变这条小路的状态。如此一来，卵石层的厚度会随着时间的推移，不断慢慢变薄。另外，鹅卵石层铺得较厚，会让人行走时，脚底下的感觉更加舒适，也会有更多的可能性，来协调周围环境，将过渡区域设计得更为和谐。为了避免鹅卵石不断流失，让卵石小径拥有一个稳固的路基，最理想的方法，是在卵石层底下铺设一层厚度相仿、压实的混合矿物。这样的话，哪怕您在最上面铺撒的鹅卵石松散一点，您的小路也不会由于雨水冲刷，或是行走踩踏，而随时面临解体的可能。所谓的混合矿物，市面所售的颗粒大小不同（颗粒越大，承重力越强），主要是由不同种类的碎石、卵石和砂石混合而成，小路的围边栽下气味馥郁的香草，装点着美丽的灌木，令人目眩神驰。与薰衣草永远搭配得天衣无缝的，还有鼠尾草和百里香。

浑然天成

让木料以小路的形式出现，这是一个价廉物美的办法，使大自然变得可以踩踏，可以亲近。铺垫这个小小的座椅区域，也可以用木质的散碎材料。在此，切碎或是粉碎的木头碎片（碎木屑）是最好的选择，因为这种材料透水性好、耐踩踏，并且完完全全由木头材质构成。在有些树皮材料里，总是会多多少少掺入一些添加料和填充物，而碎木屑中完全没有这些，由此可以避免外来的材料或是营养物质进入自己的花园。在自家花园里砍伐一棵树，附带产生的木屑、碎木料，就可以用来铺在路面和地面上，从而完成一次自然的生态循环。走在这样一条松软轻巧的小路上，气氛也显得格外轻松自然，结合着四处点缀合宜的花盆、装饰品，整体风格显得舒适无比。不过，要是面积过大的地面，则不适合仅仅撒上一层木屑来作为铺地材料。因为碎木屑随意铺在地上，相对而言会很快流失，因此必须通过围边来固定住。面积较大的区域，光是踩踏，或者坐在椅中的重量压力，就会很快在木屑层形成一道道坑槽，既影响桌椅家具摆放的稳固，又给雨水提供了淤积的空间。

小建议

天生多彩

木材之所以受人欢迎，还有一个原因，是它的风格多变，天然色泽丰富多彩，可供选择。对于室外的露天空间来说，原则上适用的，只有心材（去除了环绕在外部的边材）。而这一类木材由于品种不同，颜色也各异。落叶松的心材呈棕红色，而橡树的心材则呈现偏黄的棕色。与它们不同的是，热带树种柚木的颜色要深得多。通过刷上一层无色透明的清油（亚麻籽清油），您可以让木材的天然色泽更为耐久。

艺术创造自然

就在柳树和黄菖蒲的天然背景环绕下，几只色彩浓烈耀眼的座垫，仿佛是擅自闯入的不速之客。正是这几个光彩照人的座垫呼之欲出，才让人注意到，此地布置了一处休闲区，完全和谐地融化在自然风景之中。从整体来看，这里的设计，无论是大小比例，还是色调搭配，都非常协调，而正是通过运用这个小手段，在和谐自然的风格中，添抹了一笔出人意料的亮色，马其顿山萝卜那鲜红的花球，在地面上也重复了同样的效果。利用别类材料或者物品来强调，安排或者是彰显您花园中的某些局部区域，这是一个很好的范例。不过，要想舒适地坐在这些随意放置的座垫上，必不可少的，是设计成长弧形的靠背。正是这个靠背设计，不仅支撑了背部，同时也确定了休闲区的造型和轮廓。刚好与之反转相对的，是木质露台地板的天然曲度。像这样的木质露台，特别适合包容并且传递各种直线与曲线形式的设计，或者用来柔化较为生硬、形式整齐的轮廓线条。通过选用相应的木材种类，您可以呈现出完全不同的木质露台，与整体花园空间的基本色调相配合。

方中有圆

球状锦熟黄杨从平平齐地的红砖露台上突起，一方面将整个露台的空间高度向上提升，另一方面，在坚硬光滑的砖地上，融入了绿色植物的图案元素，堪称是一记妙招。围绕着球状黄杨树的大型盆栽植物，打破了整齐严谨的布局。陶土红砖是一种十分理想的地面材料。尺寸大小不同的红砖，能让您在设计时选择的余地十分丰富。此外，它最大的优点是易于保养，坚固耐用。铺设时，您可以像图例中这样，采用改变地砖图案的方法，将露台的边缘地带，或是一些特别的区域，比如种植区等，与地面的中心区域分隔开来。

地垫符记

实在令人过目难忘！松散铺就的地砖，环绕着这样一个柔软碧绿的地垫，阴阳造型极富寓意，成为人们目光汇集之处。要是想利用植物来设计出装饰性，或具有象征性的造型和符号，垫状的松软植物是您的好帮手。利用草皮，也能设计出类似的效果。不过更为生动的，是那些匍匐于地面的地毯状植物，例如高加索南芥、早花百里香，或是腋花千叶兰等种类。尤其是夏雪草，它那由银灰到亮白的色泽变幻，特别有趣。植物匍匐得越低矮贴地，各个元素之间的融合就越流畅无阻。

内圈

二球悬铃木（即英国梧桐）浓荫蔽日，替树下这一小片地砖铺成的圆圈挡住了大部分阳光。这里有足够的空间，可以摆放一套花园桌椅。不过，就算是不作额外的布置和安排，圆环造型的本身效果也很好。旁边放置着两块石材，似乎是什么古董的残留部分，倒也可供人随意坐坐。整个环形被一圈圈地划分为不同区域，轮廓分明，中心突出。欧洲鳞毛蕨特别适合在这样的半阴环境中生长，那暗绿色的羽毛状蕨叶，柔化了坚硬的石块边缘，给这一小块风格鲜明的砖地增添了几丝柔和天然的气息。

卵石艺术

镶嵌细工的马赛克意味着繁复的工作。通过这种形式，几乎能够制作出任意的造型，任意一种构思的图案，唯一的制约条件，就是创造力和点点滴滴的辛苦。或许还有对石料的选择。乍一见这装饰性极强的图案，不禁让人联想到中东风情。颗粒大小不同、色调各异的鹅卵石，盆栽植物，还有刻意修剪成类似形状的绿篱，一同构成了充满艺术感觉的图案造型。为了使这类地面图案更加牢固耐久，您应该将石块包入混凝土砂浆之中，并给地面设计一个基本坡度。

> **小建议**
>
> **雨水排水设施**
>
> 如果没有相应的引排水设施，铺设好的地面既无法耐久，也不能随意踩踏。对于新建的房屋设施，一定要考虑到，纵向与横向坡度至少要达到 2%，最好能达到 3%。石板或是地砖铺设的地面，您可以扩展砖石中间的缝隙（10—35 毫米）。您最好将屋顶和房檐流下的雨水或是雪水收集在大桶中，日后可以用于浇灌花园。

冲破藩篱

在上图中，露台的地面设计，局部与整体交错变化，风格鲜明，刚好搭配主建筑的木框架结构。一块块红砖铺成笔直的条形，刚好让大块混凝土石板的铺设保持规律——由此产生了一种效果十足的设计风格。地面整齐划一，而到了边框处则显得更加柔和自然。为了使露台在视觉上保持完整的效果，划分了不同区域的分界线，这样同时也起到了围边的作用。那棵缠绕着爬藤月季的大树，矗立在露台中央，极为有效地冲破了分割整齐的露台地面，同时也洒下一片夏日的绿荫。

因爱之名

用地砖铺砌的心形图案，是一个特别的亮点，也是花园中恒久不变的爱之印记。爱心形状和方形砖块，将这份真诚的心意放在人们眼前的露台地面上，呼之欲出。要想铺设此类地面图案，并不是件简单的事。如果您从一开始就决定，要用装饰性的地面图案、星座图案、镶嵌马赛克等，来装饰或分割您的花园，那么您一定要首先铺设这些特别的部分，然后再铺周围其余的地面。这样，很可能会节省许多由于必须返工而造成的额外工作量，同时也更能保证您在不慌不忙的状态下，铺砌出心目中想要的地面造型效果。要是您不急着马上动手，而是先绘制一份尺寸大小尽量准确的图纸，然后依照图纸，在地上划定装饰性图案的标记，效果一定更好。通过这种方法，您也可以在真正着手铺设地面之前，先看一看大致的效果。利用地面装饰，您可以制造生动、吸引人的视线焦点，同时让砖石地面显得不那么生硬庞大。房檐周围，藤本月季攀缘而上，屋子的外墙面上爬满常青藤，绿意盈盈，几件品味迷人的装饰品散落在桌边和椅上——再加上长椅那优雅美丽的弧度，这一切合在一处，营造出如此真挚浪漫的气氛。

观景露台

上图中的露天平台，庄重大方，与地面齐平，露台中心区域分界清晰，并且置身于效果强烈的布景当中。大花杜鹃是一种花朵特别大的杂交品种，正好适合作为体积可观、花繁叶茂的围边植物，栽种在半遮阴地带——尤其是在暮春初夏，花开时节，分外美丽。花朵硕大的杜鹃，不同品种多株群植的效果最佳。较为高大的树木一方面能为它们提供阴凉，另一方面也是围边支撑。为了使这一片奇迹般的花海与砖石地面交相辉映，互相衬托，更加美丽，令人一见之下便无法移开目光，大片空地（草坪）的作用相当重要。从石板和小块方砖铺就的露台望去，正好可以欣赏这出花之圆舞，隔着一段相当合理的距离，不远不近，一览无余。从露台到草地，过渡流畅自然，这样的设计，同时也大大地简化了维护草坪的工作。尽管如此，为了给平平的地面一点高度，或者说加上一个第三维度，您可以选择安置灵活的绿色盆栽植物——要是您的花盆和盆栽植物尺寸够大——它们能营造专属于自己的空间效果，补足、完善，并突出整体环境的季节性特征。利用寥寥几个尺寸较大的花盆，您将更能强调空间的范围。

小建议

轻松生动的砖石地面

在石板的缝隙间铺设马赛克方砖，或者填充鹅卵石或碎石子，会让整个地面显得轻松生动。要是您选用形状不同的石板，或是不时改变铺设的方向，就能造成富于变化的感觉。将大块的不规则形状，或者是多边形的石料用进去，或是索性使用彩色地砖，都能打破地面色调单一的感觉。如果您想让现有的砖石地面稍显活泼生动，那么可以利用露天家具、装饰品和可移动的盆栽植物来达到同样的目的。

花岗岩大集合

上图中的花园里，花岗岩材质的地砖和石板，构成的地面造型生动，富于变化。花岗岩材料本身的特点，造成了地面整体的沉重感，此处则通过盆栽植物，以及圆滑的铺设弧度将其大大减轻。整体环境因此而显得可爱迷人，引人前往。铺设地面时，应当先铺大块的石板，小块方砖则用来填充缝隙。利用这样的方法，您能够铺砌出所需的特殊形状，随后再轻松地填满地面。您可以选择玉簪来装点地面。这里的前景处栽种着紫玉簪，那美丽的观赏叶片，以及春天里一串串漏斗形状的花朵，正是砖石地面恰到好处的点缀。

开放式甲板

座椅式的台阶、露台，还有植物展示区合在一处，呈现的效果，就好像在一艘大船上层的甲板上，渐次深入。餐桌早已布置就绪，栽种着植物的大花盆散发出各自的美丽，甲板映着暖意融融的一缕缕阳光，完全向人们开放。此处对高度差异的处理，不仅仅是为了解决地势高低的问题，而是成为一个特色显著的造景元素——在美观大方的同时，满足了许多功能需求。可坐、可登，可以在此赏玩风景，并且起到了空间分界和吸引视线的作用。座椅和台阶踏步，把使用最频繁的露台，和安排在高处的草坪区域分割开，但是同时这也把两个空间连接在一起。如此一来，花园里不同区域的功能划分一目了然，每个独立的区域，也有了足够的空间来展示自己的特色。楼梯踏步刚好是座椅式台阶踏步的一半高，这样使得踏步下面的高度差一致，表现出一幅完整的画面。可以供人坐下的台阶或者梯级，令人感觉舒适的平均高度，有一个可靠的标准，大约 40 厘米高。在这里，真正最为突出的风景，来自风格大气的盆栽植物，其中极为养眼的是绣球花、一株月桂，还有一株夹竹桃。

绿意满园

要是在您的花园中，植物构成的背景已经足够繁盛、丰茂、引人注目，但您却还是希望花园空间里有其他的亮点，来吸引众人的目光，那么装饰品，应该是效果很好的选择。如果装饰品以照明光源的形式出现，则又能满足相应的实用功能。在这些装饰品的旁边，一片饱满浓绿的植物布景中，凸显出栽种着不同品种绣球花的大花盆。将这种花事繁盛的植物养在花盆里，能够给您机会，不断将它挪移位置，让它总能享受最好的阳光。一般说来，在半阴、避风的地方，绣球花会开出最美的花朵，将它安置在绿篱或是高大的独植树木前面，可以避免过于显眼。一方面，绿篱和树木能够提供保护，另一方面，视觉上也与它硕大鲜艳的花朵十分相称。同样适合在阴凉地带生长的，还有常春藤，它能在相对艰苦的环境中，自己长成一片绿毯。绿色植物与铺着方砖的地面结合起来，互相衬托，引人入胜。圆形花坛中，郁郁葱葱的植物成为构建空间的元素，在它对面的平地上，匍地植物刚好抓住了花坛的特征，并延续下来。岩白菜生长得超出了平平的地毯，春天来临时，给花园勾出一抹红白相间的亮色，这种植物同样适合遮阴区域，易于打理，作为树下的地被植物也十分理想。

小建议

如何避免墙体泛碱?

墙面泛碱（盐霜），是墙体潮湿的一个信号，因此属于建筑的问题。水分蒸发时，会析出碱性盐类物质，一点一点地侵蚀墙砖。一定要保护好您花园的墙体结构建筑，谨防受潮！最为重要的措施，就是在墙体上缘加上防水盖板（比如说铜片材料、盖板等）。安装的保护盖板要注意有一定坡度，或者采用坡顶的形式，一定要像屋檐那样挑出来，挡住墙面。用铁丝刷可以方便地去除墙面泛出的盐霜。

井之屋

这口水井的造型如此庄重，壮观，令人神为之夺，难怪它一下子就占去了花园里整整一间大屋。道路和视线轴的设计，都将人的目光刻意引向古董式的艺术喷泉，钢网结构的鸟笼式建筑，则采用了艺术喷泉的轮廓形状，因而使得这口水井在视觉上掌控了整个空间。效果强烈的设计元素，需要一个同样令人印象深刻的布景，不仅可以作为安置造景元素的舞台，同时也能加强空间效果。郁郁葱葱的植物把这里变成了一条绿色走廊，其中值得一提的是啤酒花，它生长极为迅速，缠绕在不锈钢网之上，很快就长成了一片绿色帘幕。正因为啤酒花在理想的条件下——半阴至阳光充足的地带，松软潮湿、富含养分的土壤中——夏季时每周能生长到1米左右，它非常适合用于大面积的绿化。红砖墙上随处泛起的白碱和盐霜，产生了一种独特的视觉效果。这个缺陷应当归咎于设计本身，但是事实上，却从另一个方面突出了整个环境的古旧风格，拥有一种纯朴粗犷的魅力。

变废为宝

左图中这台老式水泵，是否还能正常运转，肯定是个需要探讨的问题。不过在这里，重要的已经不是它的功能，而是它的视觉效果。在花园这个地方，老旧这个词还远远没有意味着淘汰。磨损的工具，不能再上路的各式车辆，还有这个极为特别、曾经承担过重要任务的水泵，这些东西都能让您的花园拥有一种朴实粗犷的独特风味。随着岁月的流逝，自然的随意雕琢，在这些东西上面，会产生许多无穷的回味。当您决定把那些“累赘的旧物”彻底清除出花园之前，请先认真考虑，是否能够花点心思，利用这些东西，做一些有意思的设计。设计的时候，您可以选用生长形态自然随意的植物来搭配，例如银扇草（又名诚实花）。

无水不成园

实用的器具或者设施，也可以与整个花园的风格特点相契合。草木葱茏，一年四季都渴望大量的水来浇灌，可是每一次取水灌溉植物，都会占用您享受的时光。您可以尝试在花园各处，分散设置一些收集雨水的设施，必要时，可以把浇水这件事变得更轻松。通过一个抽水泵－水槽的设计，甚至于还可以动用露出地表的地下水源。需要随时洗手的时候，这种抽水泵用起来也十分方便。石质的水槽还有一个优点，年深日久，石头上会覆盖一层青苔——特别是在阴凉、潮湿的地方。

水声淙淙……

一股细细的水流，从喷水嘴汩汩涌出，人们的目光穿过银杏树的枝叶，无疑会停驻其间，细赏这引人遐思的小景。背靠着一段墙，几盆植物相伴左右，这幅妙趣横生的图画，呈现出最完美的姿态。这种情况下，建议您采用封闭式的循环来保证供水。不过您当然也可以从家用自来水管道引水，从喷嘴处流下来。喷水嘴和水槽在汩汩流水的衬托下，显得十分突出，您应当将它们安置在便于靠近，并且显眼的地方，好让这园中的小小流泉可供赏玩，可以聆听。

水火相济

这头龙没有喷火，它在红砖搭砌的圆形水槽里，玩的是水。红砖上斑驳磨损的痕迹，十分适合整个自然随意的环境。动物造型的雕像，乃至于各类普通的人像雕塑，都会给整体风格增添一个重要的层面：幻想。外观设计和放置的地点，方式都必须协调。这里的原则同样是：少即是多。总的来说，写实的雕像比较适合古典、浪漫主义的设计风格，而抽象的外观，在现代风格和极简主义风格的花园里效果更好。不过，在挑选适当的园艺装饰品时，只有您个人的品味，才会让您做出正确的决定。

小建议

一览无余吗？

引导视线，或是在必要的时候阻隔视线，这是把花园布置得引人入胜的重要设计手法。引导视线穿过，或是投向特定的景观元素，能够唤起人们的好奇心，并且仅仅展示事先刻意设定的那一部分景观，由此令人产生特别的园艺体验。不要将美景一下子全盘托出！在墙体和绿篱上设计一个个透视孔，效果可圈可点。一排独植的树木，或是多行绿篱带交错种植，也能收到类似的效果。您也可以种植灌木群，让它在烘托呈现出一些景观元素的同时，也遮挡住另外的一些东西。

圆形视窗

艺术喷泉、矮墙、中心景观，以及事先设定好的视角和方向。图中这水流喷涌的系列造景元素，结合了设计上和功能上的方方面面，红砖 – 石料结构，与这个花园的风格协调得十分完美，引人入胜。那浑圆的洞口后面是什么？河里的卵石又是如何一股脑地穿过洞口，堆在此处？其实您不必总是一下子将所有的底牌和盘托出。通过刻意设计的细节来引导视线，穿过某个孔洞，或是投向某处开放的地方，您并没有一次性地展示全部景观，而是引领并激起人们好奇的欲望，从而营造一种充满诱惑的氛围。不同高度的墙体和树篱，在中间开孔，或是上面开出凹槽，用这种设计手法来创造更为生动迷人的花园空间，效果很好。右图的设计中，除了圆形的视窗开口，另外的两处亮点，在于丰富的设计造型和材料的色彩。陶土材料与红砖材料（要是有些斑驳老旧的痕迹，则更为理想），还有泛红的鹅卵石搭配得十分协调。流水漫过石堆，又平添了几分生气。鹅卵石堆的高度比例适中，非常巧妙地将人们的视线引向了那处仿佛是源头的地方。

植物饮水处

这个四方形的水池，位于作物园地的正中，既是宽大的雨水存储池，又能方便地通往高架种植箱。这个水池作为清晰稳定的视觉基准点，给了整个作物区域鲜明的风格特点，同时为周围的菜畦和窄花坛提供了设计风格的定位。在给您的花园进行功能分区的时候，请仔细考虑，将何处布置成固定功能区，何处可以提供短期或季节性利用的可能性。这将为您的花园带来动感变化，并且同时明确它长期的设计框架。红砖砌成的半人高的水池，从视觉效果来说，已经相当显眼而结实稳固。因而十分重要的是，利用植物和装饰品来中和这种感觉，令其更加圆融完善。在这种情况下，一般无需种植过度茂密的植物。换而言之，您最好是布置几种形态自然的植物和装饰品，数量不要太多，但是风格必须与红砖水池很好地搭配，并且互补。将植物直接安置于水池中央，这是一种效果特别强烈的方式，能够柔化轮廓线和边界。因为这样一来，水池不再是一个单独产生效果的造景元素，而是更像一个为相关植物预先布置好的展示舞台。

小建议

生机勃勃的墙

植物的加入，能让一堵墙更具魅力。比如说，攀缘而上的美女石竹和华丽龙胆，令墙头成为一道亮丽的风景。而岩生庭荠、南庭芥与膜萼花则会在墙缝间绽放美丽的花朵。

灵感之源

这样一口经历过风霜岁月的水井，能以不同的方式，为您的花园注入活力和浪漫风情。由于未设井盖，因此无论这口水井最初的设计功能为何，它都能用作一个很大的天然蓄水井。井畔潮湿的环境，使周围布满青苔和地衣，尤其是在井壁的砖缝中。色泽鲜明的植物可以用来装饰绿化井缘，值得推荐的是蔓柳穿鱼。这种植物自己会顺着一条窄窄的路径延展蔓生，吸取水分，完全不必破坏天然的和谐氛围。

别具一格的花园小屋

曾经的主人一定做梦也想不到，他这台建筑工地用的旧房车，有朝一日，会被改造成一幢浪漫的亮蓝色花园小屋。白色线条勾勒出小屋的轮廓，与古色古香的花园长椅，还有种在一旁的藤本月季搭配得完美无瑕。房车原始的实用功能，只能从它的外形上看出一二。懒懒地靠在椅背上，沐浴在温暖的阳光里，享受着户外生活的美好，这是它现在所能给予您的。运气不错的话，您可以在当地乡镇的公共管理机构，找到这种退役的工地用房车，价格十分合算。翻检一下出售旧物的小广告，也可能会有收获。您可以花点力气，直接把房车推进花园，要是光靠人力不够的话，借助一台合适的机动车，还有拖车挂钩，也能方便地把它拖到理想地点。要是您不把房车的车轮拆卸下来的话，随时将它移到其他地方，也是小菜一碟。不过，要想放置得更加稳固，并且考虑到便于绿化的问题，最好还是拆下房车的底盘，然后将它安置在坚固的基座上。基座长度至少要占房车面积的三分之二，并与房车等宽，这样才能保证足够的稳固和安全性。

纯天然橱柜

自己亲手制作的往往最漂亮！要想亲手打造这样一件外观迷人又无比实用的花园家具，您肯定要花些时间和心思，将脑海中零零散散的灵感与构思整合到一起。不过好就好在，您用不着再费神考虑如何让这件家具完美地融入花园里，因为使用的材料完全没有人工的做作痕迹，或是不属于花园的感觉。要是您觉得顶上的瓦片过于厚重，建筑设计的痕迹太明显，那就索性让青苔和白景天覆于其上吧。利用已经在花园中使用的材料来设计这样的小橱柜，不仅和谐自然，同时也是一个物美价廉的方法，必要时，还有个妥当的地方放置和收藏一些物品。剩余的木料（木板、圆木），编篱笆用的蒿柳枝条，几块用剩下的屋瓦，2 平方米木板用来做底座，再到建材市场购买一些诸如铰链之类的零配件，用于连接和固定，一件风格天然优雅的家具就已经基本成型了。顶部的设计必须密封防水（您可以在瓦片下面再加一层三元乙丙橡胶材料来密封），柜顶要有足够的坡度，以便雨水能够迅速地全部排走。

可移动座位

有了这个推车长椅，您可以随时随地追逐阳光。要是日头西移，只需站起身，轻轻巧巧地，就能挪个地方，坐到理想的位置去。将一张长椅和一台老式的农用手推车结合起来，就能自行设计出一张这样的座椅。市面上也能买到类似的产品。不过自造的带轮长椅往往更具魅力，尤其是个人特色。您可以找一家五金作坊，请人给运转不灵的旧车轮箍上一层新的铁皮，再找一个合适的轮子作为备用，以防风雨和气候原因，造成您的带轮长椅迅速磨损。在上图中，紫甘蓝蓝中泛红的色调，配上赭石色的欧洲山毛榉树篱墙，还有青翠欲滴的锦熟黄杨植物带，交相辉映，形成了一曲美丽、浓重、一年四季都十分生动的色彩三重奏。锦熟黄杨四季常青，而欧洲水青冈抽枝发叶时颜色青翠，到了秋天，叶片则染上深深浅浅，由橙黄到红棕的美丽色泽，紫甘蓝更是在泛着灰色、蓝色与红色的色调之间不断变幻，迷人之至。

小建议

水流飞溅！

水流飞溅的效果如此出色，不过前提是水循环系统一定要保持封闭，电子控制系统应当按规定采取绝缘和防护措施，下方承接水池也必须设计稳固、密封良好。再者，外部电路也应保持完全独立于内部电路。另外，您要考虑的还有材料的保养以及控制系统的维护工作。

品味独特的流泉设计

现代风格的花园，摒弃了茂密的植物和过度装饰，却能给人带来更多优雅贴心的感受。上图中的喷水嘴，由闪闪发亮的不锈钢材料制成，它的功能是激活水元素，为花园增色添彩。飞溅的水柱，打破了网状格栅方整的造型和水池的轮廓。目前在专门商店里，有许多类似的产品，造型优雅而实用，可供选购。不过，如果您希望拥有独一无二的艺术喷泉，和个性化的外观设计，那就只有和经验丰富的不锈钢制品制作工坊，以及水处理技术专家合作，才有可能让愿望变成现实了。

小建议

钢铁一般美丽

金属材料在园林中的使用，由于耐候钢的出现而取得了决定性的突破。曾几何时，它作为一种耐气候影响的金属材料，走进人们的视野，从此之后大受追捧，一发而不可收。原因究竟在何处？正是由于它尽管在表面形成一层锈层，但是总体来说，不再需要特别的保护就能够防止腐蚀，并且通过与大气首次接触时表面的锈蚀过程，它的外观会变得多种多样，十分生动，绝不重复，就像未经处理的“原钢”或是镀锌钢板。无论用它作围边、小径、踏板，还是遮挡视线的设施——效果都是“钢”劲十足！

造型奇特的塔式烧烤炉

在这个地方，整年都是烧烤季节。两具造型奇特而张扬的钢结构烤炉（耐候钢），给人十分特别的烧烤体验，与那一对舒适的藤制躺椅一起，打破了由水仙花和弯曲的欧洲红豆杉造型修剪树篱共同构成的一片宁静的画面布景。这个超乎多数人想象的烧烤设施，当然是经验丰富的钢材艺术家的杰作，设计中应该特别注意的是稳固结实，能够经得起狂风或者风暴。不够确定的情况下，您可以将底板通过螺栓固定在相应的底座上。木料，尤其是竹质材料，都特别适合与锈迹斑驳的钢材进行搭配，它们能够中和钢板边缘粗糙的感觉，堪称钢板首选的天然伙伴。耐候钢的表面拥有与不锈钢迥异的各种花纹状态，同时还会受空气湿度和气温变化（大气腐蚀）的进一步影响。每一件耐候钢的外观都不相同，因而它是现代设计中特别令人喜爱，并且经常使用的一种材料。

矮墙存车处

您的自行车停放在此处，绝对安全！红砖砌成的一道短墙上，牢牢地安装着三个停放自行车的固定夹，矮墙本身同时还可以供人放置东西，或是坐下。在两层修剪整齐的欧洲红豆杉树篱上，巧妙地重现，并且强调了棱角分明的墙体造型，效果十分显著的同时，也设置下一道人工屏障。您在专门商店里，能够买到各种规格和等级的自行车固定夹，专门用于固定在墙面上，价廉物美，可以让您的自行车找到相应的停放地点。一般来说，这样的固定夹使用镀锌的钢材制成。要是您需要空间，或者有时候索性就想把自行车靠在墙边上，那么另一种相当聪明的解决方法，就是使用可折叠式的固定夹。还有一种选择，是在金属表面涂上彩色，让您的存车处同时拥有艳丽的色调，并引人注目。以下几点适用于墙体的设计和施工：使用混凝土砂浆请不要过于节省，任何情况下都不能忘记打造像样的地基！由于墙体的自重很大，混凝土地基必不可少。作为参考值，地基深度至少 80 厘米，两侧凸出墙体的宽度必须至少达到 5 厘米。

小建议

多多积肥

您会定期将修剪下的枝叶，从花园中清理出去吗？实际上这是丢弃了最好的肥料来源！要想堆肥的话，您应该选择一处进出方便、比较阴凉的地点，在那里安置最少三至四处隔开的容器（堆叠法）。每 100 平方米大小的花园，一般来说，安排三至四平方米的地方用来堆肥，是比较理想的。绝对禁止的，包括发霉、油腻、含油脂的原料，当然还有动物粪便！

通往后园之门

一个运转良好的积肥处，会让园艺工作变得更加轻松。但是堆肥的场所作为非常实用的设施，很少能有美丽迷人的机会。这并不意味着，您在设计这类场所的时候，不可以加上一点个人风格。恰恰相反！只需要寥寥数盆植物，加上一尊有趣的动物造型，就能让您花园的“边缘角落”看上去亲切宜人。通常您甚至必须相当频繁地造访积肥场所，因此，好好布置一下来来回回必经的小路吧！庄重大方的欧洲鹅耳枥拱门就是一个不错的选择。

灰暗退去，色彩纷呈

这一面混凝土结构的造景元素如此引人注目，它不仅仅用于遮挡视线，并且同时作为空间分割线和艺术喷泉的所在，合二为一。鲜艳夺目的色彩，使得它从郁郁葱葱的草木当中脱颖而出。墙体两侧光洁、素净的表面，一方面加强了效果，另一方面也将视线引向了中心部分妙趣横生的艺术喷泉。层层堆叠的石块让效果更为强烈。作为传统的球型黄杨的替代品，两个巨型水泥圆球充满现代感，牢牢地吸引了观者的注意力。正因为给混凝土材料涂上一层颜色，无需过高的成本，因此彩色的混凝土表面非常适合作为绿色植物基调的鲜明对照。涂刷混凝土制品时，请您一定要使用露天专用的防腐性能良好的颜料。混凝土的表面越光洁，尤其是所谓的清水混凝土，正确地涂刷一层底漆就愈加重要，这直接决定了颜料是否能够成功地黏附在混凝土上。您可以选用聚氨酯成分的清漆作为底漆。您最好使用油漆滚筒来刷上颜色，或者干脆把颜料直接喷涂在水泥表面；不过，选用后一种方法，当然要在适当的情况下。

凝神端坐，稳如磐石

要是您想在花园里布置几面真正的墙，又不希望使用树篱，或是木质结构，那么石笼网就是个正确的选择。它是用牢固的铁丝制成箱状网笼，网笼中可以填充石块和石子，最理想的情况下，您可以在网笼中装上当地特产的石料。网眼尺寸由所使用的石料大小决定。一般来说，装入石块的石笼网，可以垒砌在斜面或边坡上，用于支护并保持水土。您当然也可以把石笼网一层层堆叠起来。不过要注意，每个石笼网中填充石块尽量一致，每一个单独的网箱放置时，一定要保证稳固。另外，填充石块时，网箱尽量不要变形。用钢条从水平和垂直两个方向，插入每一层、每一个石笼网箱，这样可以加固整个石笼网箱结构，大大提高稳固程度。此处的石笼网墙，配合着轻松活泼的花草，还有固定在多层石笼网上的圆形木板凳面，营造出一幅生动而天然的场景，并且保证密密实实地遮挡住了每一寸目光和每一丝风。

> **小建议**
>
> **帆布面料的效果**
>
> 根据用途不同（季节性或是全年使用，透明度），有很多种专门的太阳帆面料可供选择。最常用的是合成材料（聚酯材料、丙烯酸材料）制成的混合面料。面料上的氟聚物涂层能够大大提高防水性，PVC 涂层则能够阻挡紫外线。面料的防护性能越好，单位面积的重量就越大 —— 相应的成本也会更高。

遮挡烈日

一侧是神农箭竹，另一侧种的是薰衣草。这片宽敞的木质露台，已经有了足够的植物作为点缀。竹子和薰衣草这两种植物，尤其在大量群植的时候，特别会有一种铺天盖地的强烈效果。为了让阳光的作用仅限于促进植物生长，而不会晒伤人的皮肤，在这里设计了一面轻巧的 —— 视觉上与花园的现代风格十分协调的 —— 太阳帆结构，用来遮挡露台座椅上方直射的阳光。不过，当然只是在必要的时候遮挡光线，因为整个支架拆卸方便，帆布的设计也是可以卷起的。

日光浴

遮阳篷不仅是十分实用的设施，同时也对整个花园的空间效果非常重要。它会从不同的形状、颜色和构造几个方面，影响花园空间。上图中的设计，给人起居舒适、充满现代感的印象。遮阳篷还有一个特殊的优点，那就是它可以在一定范围内，调整日照的强度，同时也顺便解决了引开雨水的问题。此处，身后巨大的石笼网墙承担了背后区域的屏蔽功能。碎石子铺设地面，同时也作为植物生长的底基。借助于一些布置的物品和起居用品，您可以选用与遮阳篷面料相同的颜色，通过在某些点上重现主色调，来营造风格统一的画面感。遮阳篷其实不一定必须是纯白色。浅色的面料，除了能够更加有效地反射阳光之外，从视觉效果上来说，也比深色面料更加适合在花园中使用，因为浅色更轻盈、松快，因而与花园给人的生活感觉更为协调。黄色调的遮阳篷面料，是除了白色之外，非常迷人的一个选择。由于此处紧挨着的水池，能让您的心情在炎炎烈日与清凉的水浴之间自由地转换。

小建议

迷人的墙体

要想让墙从观感上显得不那么巨大、厚重——艺术风格上稍微活泼一点，这就给墙和墙壁的设计提出了相当专门的要求。作为防护墙的木板，外观天然，给人带来轻松的感觉。而且横条排列的木板能够打破墙体的垂直空间。还有一些表现积极的墙面设计师：攀缘植物、彩色涂料、布帘、漂亮的灌木植物，以及一些装置结构元素（雕像、艺术作品、照明灯具等）。

充满天然气息的自由空间

这里的一切并非自然生长，而是匠心独运的设计。此处的花园空间，完全遵循现代花园设计的原则。木、钢、混凝土、水、强烈的色彩——这一切都运用在天然的植物环境当中。白桦树和多育耳蕨强强联合！这一处花园空间，有多种利用的可能性。这里光线明亮；遮挡严密，外人的视线难以进入；同时身处园内的人，视野却并未受到太多限制，还算开阔；另外，空间正中有一片空地，能够用来满足不同的功能需要，比方说，放置桌椅家具或是盆栽植物，也可以作为园艺劳动的场所。类似这样并未事先设定功能的区域，要是作为一个独立的区域，划界清晰，并且拥有自己独特的空间设计效果的话，它实际上是花园中的优质区域，能给整体空间带来动态的变化——可以称得上是露天的一处自由所在。与常见的有些不同，这里的木板墙上，条状木板安装的时候是水平，而非垂直排列的。由此产生的空间效果十分有趣，有点像一片朝上翻转，立起来的木质露台地板，并且似乎将内里的区域拥抱在怀中，而不是把这一片空间猛地阻断或挡住。您可以把墙面划分成小段，从而赢得更多的空间纵深感。

挡住烈日，迎进阳光

提起遮阳设备，我们所知的不仅仅有遮阳篷、遮阳伞或是亭亭如盖的树冠。用一些巧妙的方法，您也可以设计出特别通风，而且结实耐用的替代设施。木条、钢丝绳和大量松松悬挂着的布帘，在这一片休闲座椅区，营造出一种极为舒适的韵味。最实用的地方在于：必要时，只需举手之劳，就能将每幅条状的布帘拉开或是合拢。更换面料也特别简单方便。通过隔开的一段段布帘，产生了一种非常生动的图案效果。选择这类布帘，应该尽量轻薄透明，以免造成沉重的视觉效果，同时，光线也能在帘子全部拉拢的状态下透进。布帘顺着拉紧的钢丝绳安装，因此应该定期检查一下钢丝，预防布帘垂下。不过首先要注意，钢丝绳不可绷得过紧，以免整个支撑结构无谓地过度收紧，影响整体固定效果和材料的寿命。根据布帘上安装套环的不同方式，您也可以布置垂直的设计，因为摩擦力足够的情况下，这样的布帘也能保持垂直状态，类似卷帘的风格。很棒的效果：将两条布帘部分重叠放置！

小建议

绿色屋顶指南

持续不断的精心照料，才能让绿色屋顶长得浓密并且耐久。六月底的时候，应该进行一次疏剪，秋季（十月）进行一次强剪。如果相邻的树木春季枝叶新生，互相缠绕，绿色屋顶很快就能初具规模。理想的树木间距（树干之间的距离）应当是三米。

翠盖当头

绿荫成片，亭亭如盖，其意义远远超出它的实用防护功能。这堪称园艺的杰作，给人浪漫温馨而又安全的感受。雨点敲打着密密的树叶，却无法穿透树帘，落在闲坐的人们身上，这种感觉既抚慰人心，同时又激起人的灵感。四株平顶状树冠的二球悬铃木，在水平方向撑架的支持下，形成一面完整的绿色顶棚。顶棚之下是石板铺就的地面，和半人高的树篱（光线原因），人们可以在这里就座，优哉游哉。通过调整水平方向上的撑架，您可以设定绿色顶棚的内轮廓线，修建造型的时候，撑架平面也能为您提供参照标准。

豆棚瓜架

这是一个堪称样板的模范菜园！菜畦间的小径，将园子整齐地分隔开，同时也方便浇水施肥，照料菜地。把种植果菜香草的作物园地与周围的花园其他区域隔开，是非常合理的做法。因为一方面，您能够借此强调花园的功能性分区，另一方面，树篱或是密实的篱笆，能阻挡不受欢迎的小动物来造访您的种植园地。有一些长得很高的豆类品种，比如说红花菜豆，还有蔓生菜豆，都需要杆状的支架或是棚架，来支撑它们的累累硕果。竹竿或是去皮的木杆都非常合用！

菜园狂想曲

利用种植箱，您可以不受花园中先天土壤条件的制约，自己创造出理想的植物生长环境。最重要的是，您能够自己来合成土壤基底。通过分层放置有机原料，其中包括草皮、堆肥和挖来的土方，热量和肥力能更好地释放出来。用这种方法，您可以很方便地设置种植箱，专门用来种植草莓，和一些对环境条件要求很高的蔬菜品种。高设的种植箱，既可以作为独立的元素用于花园设计中，也能安置在菜畦中央，西葫芦和波叶大黄的中间。

不完美的魅力

种植箱十分适用于构建空间，当然也是园艺活动期待丰收的首选设施。多个并排或是紧挨着放置的种植箱，能够将花园空间划分为若干区域，并用生机勃发的植物填满这些空间。其实，远远不必强求一切都完美精致而无懈可击，如同出自大师之手。独特的设计风格，往往会带着一点偶然的痕迹，似乎并非意料之中，提前策划好的。您就干脆在下一回，巡查养护花园的时候，将几只陶土花盆“遗忘”在种植箱上，让它们在有意无意间，变得郁郁葱葱吧。或许您也可以刻意留下一个种植箱，空空如也，用它来作大自然展示自己的舞台。

葡萄果实之梦

喝上自家花园出产的葡萄酒，这并不一定是做梦那么遥不可及。但是，您需要一处温暖、阳光充足、避风的场地——以及相应的气候条件。欧亚种红提葡萄种植在屋檐下，用来点缀房前屋后，勾画出一幅浪漫景象——这是普通的水果葡萄，也已经有一些品种，能在较为寒冷的地区生长，比如说“佐洛珍珠”。房屋墙面散发出的热量，以及光线充足的环境，使葡萄藤上能够结出香甜美味的果实。要是您定期浇灌，冬天的时候细心呵护基础植株，并且在春天及时追肥，它一定会回报给您累累硕果挂满枝头。

小建议

嗯，能吃的花！

美食家们早已发现……

- 茴藿香
- 欧锦葵
- 葱芥
- 香堇菜
- 菊苣
- 萱草
- 小鸡草
- 天蓝绣球（又名宿根福禄考）

美味花朵

与那些产业性质的蔬果种植基地不同，您可以在自己的作物园地中，留出若干区域，专门用于自由地布置一些季节性较强的盆栽植物，或是种植香花药草、夏季花卉等等。大棵的旱金莲不仅会开出五颜六色的绚丽花朵，而且它的花还可供食用。那圆溜溜的叶片，还有艳丽的漏斗状花朵，与韭葱细长的茎杆形成了柔和的对照，并且将视线的重心延伸到色泽泛红的莴苣菜上，赋予整个蔬菜－灌木－香草种植园地一种绝佳的风味。

按部就班地成长

建造一座温室，能帮您的蔬果种植园延长温暖的季节。温室直接毗邻露天种植区而建，定位明确，早春时，可以将幼苗直接移栽早已备妥的苗床里，简单方便，毫不费力。而且这样的温室或者暖房，也可以用来存放保管各种育苗材料，以及所有必不可少的园艺工具。五颜六色的盆栽植物，从视觉上将这座温室融入了花园的整体，并且赋予它一种独特的风情，仿佛散发着地中海香草植物的阵阵幽香。也许您会觉得奇怪，但是事实的确如此，在阳光充足的温暖日子里，与露天生长的植物相比，温室中的植物需要更为频繁地浇灌。正因如此，您一定要事先考虑好夏季遮阴和通风的必要措施。流通顺畅的风，正是保证许多果实类蔬菜——比如说番茄，还有彩椒——能够顺利授粉的重要条件。另外，请您尽量在温室附近安装灌溉水源。最理想的，是使用独立水表，并且水压充足的自来水龙头。

小建议

睦邻友好

蔬菜混作，其实是提高产量的一种生态解决方案。在蔬菜当中，有“良伴”，也有“恶邻”。比方说，番茄的个性就特别易于相处，除了黄瓜、土豆和茴香之外，它几乎能与任何品种的蔬菜和睦共处。另外，还有一对搭配，从观感来说，特别谐调美丽，那就是甜菜和十字花科芸薹属的所有菜种（比如芥菜、白菜、甘蓝、芜菁等）。种植孔雀草和金盏花当作围边植物，能使土壤线虫望而却步，远离您的菜地——而且看上去相当漂亮！

多种多样多产

在这片园地里，莴苣和甘蓝叶头、小葱、各种夏季球根花卉，比如说大丽花，比邻而植，十分融洽。这样的场景，十分符合老式乡村花园的风格，非常迷人：它的魅力在于，丰收之后的硕果累累——而且在最理想的情况下，完全来自纯天然的有机种植方式。轮作（轮换种植）方式，合适的品种互相搭配，混合种植，吸引对蔬果有利的益虫前来，以及（近乎）全封闭的营养物质循环，这些都是非常重要的前提条件。另外，菜畦的安排，一般是同类品种种植在一处，不同的品种分片相邻种植，这样就形成了完整的园内循环。在菜畦中混种一些能够招来益虫的品种，颇有益处。比方说，茴香和缬草就能吸引毛虫。要想强调高度空间层次，藤蔓缠绕的拱门是非常理想的选择，而用木头栅栏来分界，通风并且透光。爬满青翠葡萄藤或是软枣猕猴桃枝叶的木栏杆，看上去也特别养眼。

菜园交道口

在这里，菜畦的划分和连接的小径，就已经是一种别样的情调，令人隐隐约约地忆起史上留名的大花园，极富装饰性的地面图案设计（文艺复兴和巴洛克风格）。网状结构的红砖小径，在中心点交汇，从功能和视觉两个方面，将整片园地划分成了小块。小径上铺的石砖，与菜畦中的泥土泛红的色调，搭配得十分谐调。这种色彩鲜艳的硬砖，能保证给您营造极为强烈的空间存在感。在一个区域之内铺设路径，千姿百态的小径，彼此重叠交汇，不仅有助于组织更为有效的空间分配，而且可以从视觉上连接不同的设计元素——前提是，如果每条小路都由统一的材料铺设而成，或者是小径连接的地面拥有一种强大的力量，能将不同材料的效果互相统一起来。不同品种的蔬菜分别种植在小块菜畦里，展示出一幅变化多端的迷人图画。满畦生菜，特别适合用来强调浓烈的色泽。仅仅是品种极为丰富的结球莴苣和散叶莴苣，或者是充满异国风味的芜菁，就通过色彩纷呈的莴苣叶片，给您带来一片葱茏，为生机勃勃的菜园增添了一抹亮色。

蔬菜大杂烩

抽枝发芽，长叶开花——这是一种蓬勃生长的纯粹的快乐！要想拥有一片生机勃勃的菜地，最重要的是能让你期待丰收的菜地，咒语十分简单：混合栽种。放弃那种大面积、单一品种栽培的集中模式，实际上，就避免了土壤肥力下降的风险，由此而来的，因为病弱植物而造成杂草和害虫肆虐的情况也不会发生，所以，您应该在条件允许的情况下，尝试通过单行、间作的方式，尽可能混合种植多个品种的蔬菜。这是一种传统的种植方法，您一定很快就会因为品种繁多、格外迷人的菜畦，还有每一样菜蔬的丰收，雀跃不已。在同一块菜地栽培品种不同的蔬菜种类，在乡间和修道院的园中，已历经了上百年的实践。关键在于，您必须正确选择蔬菜品种的组合，这些蔬菜，应该能够和平共处，最理想的情况下，甚至于可以互相产生积极影响。充分利用土壤肥力的方法，就是用间作的方式，栽种对土壤肥力要求极高的，适合在贫瘠土壤生长的，或是居于二者之间的植物，当然不是在一行之内，这样的办法可以避免过度争肥。在选择蔬菜品种时，请您一定要认真考虑互相搭配，能够和平共处的植物。比方说，结球莴苣和散叶莴苣，就与和十字花科芸薹属的几乎所有菜种搭配得天衣无缝。

完美如一体

此地草木茂盛，鲜花盛开。窄窄的护林员小径，也已经被十字花科的蔬菜占据了一部分；不过，像这样蔓延生长到路中间的植物，倒是并不影响行走。您可以栽种高茎的浆果类植物或是月季，在菜畦中央设计一种美丽的情调。可选的浆果种类，包括红茶藨子或者是鹅莓之类。美味可口的浆果，也能让您在园艺劳动之余，尽情享受一点点舌尖上的甜蜜。总的来说，要是您不将蔬菜和果品的种植区域完全隔开，而是采用一个流畅自然的过渡，整体效果将会更加充满魅力。

园艺橱窗

香草和作物种植园朝远处延伸开去，就在园子正当中，一幢木结构的迷你小屋似乎让人找到了方向；这是一处十分特殊的点睛之笔。它静静地矗立在那里，一点也不让人感觉唐突，或是过分庞大厚重，而仅仅带了一丁点隐秘的气息。也许，这里只是昆虫的栖身之处，尤其是蜜蜂，也可能，人们只是在这里放置一些园艺工具和装饰品之类杂七杂八的东西。这都不重要，丝毫没有影响这间小屋轻灵通透的风格。两侧的木头格栅，给藤本植物，尤其是所谓的支架型攀缘植物（缠绕型、蔓生型、扇形吸附、叶片或嫩枝吸附型）提供了极为理想的生长前提。除此之外，它们也受益于此处光线充足的日照条件。

恰到好处的混种

将蔬果混合栽种，看上去美丽迷人，同时又能带来丰足的收获。为了避免不希望出现的争肥现象，也为了防止有些蔬菜品种，由于对土壤肥力要求格外高，可能造成土壤负担过大，采取混栽的种植形式,应该说是十分值得的。混栽的另一个优势，就是视觉上产生富于变化的图景。作为最理想的蔬菜伴侣，除了许多药草类植物之外，值得推荐的还有一些夏季花卉。或许您可以在两行蔬菜，比如说羽衣甘蓝的中间，放置花朵盛开的盆栽植物，叶片和花朵的装饰效果十分出色。

绿色卷心菜

十字花科的甘蓝类蔬菜，都拥有大丛的叶片，十分显眼，这里栽种的卷心菜，就是一种深受人们欢迎的蔬菜，除了食用价值之外，它也是一种非常美丽的赏叶植物。成片栽植的卷心菜，被修剪成球形的锦熟黄杨围起来，当中还点缀着一棵“银后”扶芳藤，使得整个画面的色彩效果格外强烈——一片浓绿。要想让卷心菜长得如此硕大齐整，您必须保持菜畦土壤潮湿、水分均匀，还要定期松土，并频繁施肥。种植蔬菜时，有关植株的间距，可以参照一个简单法则：40x40 厘米。

美味可口的空间设计元素

为什么不可以利用蔬果香料一类的作物，来进行独具风格的园艺设计呢？波叶大黄硕大的叶片，就可以用来点缀；而莴苣类蔬菜，例如菊苣或是苦苣，则能给您的花园带来鲜明的色彩对比。小畦的蔬果类作物，与装饰性树木或灌木花坛，都能搭配得十分完美。在上图中，树莓（即覆盆子）和密密编结的篱笆构成的背景，风格强烈，将各个独立的种植区衬托成为互相关联的元素，细节丰富，但又不失整体感，与小径对面铺满一地的常春藤相比，恰好产生了截然相反的对照。低矮的锦熟黄杨造型修剪绿篱，作为必不可少的分界线，同时也能遮挡贴地气流形成的风，以免风会影响蔬菜幼苗的生长，造成减产。对于比较娇嫩的蔬菜品种来说，这一点相当重要。一般来说，花园里很少能够安排一片特别宽敞的区域，专门用来种植蔬果作物，因此，您可以在适当的地方，自由地安插小块园地。选址时，一定要注意，要选择日照充足，特别是土壤肥力较好并且透水透气的地点。

小建议

精心设计的菜畦

首先，请您设计好最佳的面积；每一畦菜地里，蔬菜的种植面积大约 4.5 平方米左右较为合宜。请您在确定菜地形状时，尽可能选择比较实用的形状，方形或者是圆形。菜地定位在南北方向，可以获得稳定而有规律的日照。安排布置四通八达的环形小路，能够让您照料菜地，以及收获的工作变得更轻松一些。另外一个办法，就是在菜畦中间放置踏脚石。围边的方法有多种，您可以选用成本较低的柳编篱笆、废旧建材，或是低矮的树篱。

菜地一角

菜畦之间的小径纵横交错，联结成网，使整个菜园的划分变得十分生动而引人注目。乍一看，似乎有点不太寻常，但是细想之下，这样的设计，是围绕着一个目的——让照料菜园的工作更加方便，从而获得丰收的硕果。每一块菜畦不能设计得太宽，否则的话，为了照料和采摘蔬菜，就必须拓展整个护园小路的网络。要是您从一开始就充分考虑到这一点，在设计菜畦的时候，尽量使人能从菜畦两侧，都可以方便地完成所有任务，而无需踩在菜地里，那么您就可以不必再花许多精力安排修建更多的小径了。其实，只需寥寥几处点睛之笔——造型修剪苗木、高茎灌木、漂亮的分界线——您就能将蔬果植物的园地，转化成一道值得一观的风景。

小建议

更加美丽的高株型植物

许多苗木品种，如果培植成高株型或是高茎型（树干与树冠区分明显），外观会更加迷人，鹤立鸡群。以这种形态生长的树木，可以在树下种植其他植物（充足的光照！）。效果特别出色的，是一些高株型的果木，比如红茶藨子、鹅莓和苹果。而波斯铁木和“雪球”木兰则是一如既往的美丽。

自给自足的供水系统

水就是生命，没有水就没有植物的生命。您最好能在花园里设置一处水源，来解决这重中之重的灌溉问题。在密植着草本植物或观赏性苗木的种植区附近安排水源，一方面能大大缩短您取水浇灌所需的路程和时间，另一方面，水源本身也可以设计成风格迷人的形式来装点您的花园。水泵依偎在大树伐倒之后残留在原地的一截树干上，四周密密围绕着一圈喜爱潮湿环境的植物，比如恩式老鹳草，或者是斑点珍珠菜，这样的设计可以称得上是实用性与美观结合的理想范例。还有那几只户外用的用来浇灌植物的容器，一切装备齐全，另添上了几分粗朴的浪漫风情。香草类的植物需要充足的光照和热量。因此一定要注意，尽量不要让高大的乔木覆盖其上，夺走光线。换而言之，要想在香草园地中点缀一些较高的植物，最好优先考虑植株较小的灌木，或是按高度分类法，归为第三类的乔木（小乔木），植株形态为高株型，或者是小阔叶树型（生长形态与乔木类似，但没有树冠）。

万紫千红的篱笆墙

作为园子边界的这一道木篱笆，几乎已经难以辨认。繁茂的灌木，其中有堆心菊、紫锥菊和博落回，姹紫嫣红，几乎遮住了所有的木栏杆。篱笆正好给这种高高生长的半灌木提供了保护，还有倚靠的可能，非常实用。而木制篱笆栏杆之间的缝隙，更是格外合宜。垂直生长的草本植物和半灌木，您可以放心地直接种在篱下——给您的花园布下一道分外美丽的边界。

墙内开花

让植物紧靠着篱笆墙肆意生长，篱笆与墙内环境融为一体，从外面来看，又若隐若现，这样的效果，尤其是对于蔬果作物园和天然风格的花园来说，十分理想。还有一种特殊的情况，就是利用篱笆，来控制花坛或者种植箱，让植物生长保持在篱笆墙界内。这时，篱笆高度越高，对它外形的美观要求就越高。旱金莲就是这样一种喜欢在墙内生长的植物，因为它需要足够的保护。品种繁多，色泽丰富——从鹅黄到酒红，在色彩上您有足够的选择空间。还有鲜艳亮丽的向日葵，为了固定高高的茎杆和花朵，将它的植株捆扎在篱上，会成为一道亮眼的风景，来装点您的篱笆墙。

篱笆墙的良伴

大胆地让彩色参与您的设计游戏吧，这会带来出人意料的效果！色彩鲜艳的木料，也有可能营造出一种天然的气氛，非同寻常。为了使篱笆到花园地面的过渡更为和谐，避免令人感觉过于突兀，您可以在这个地带栽种灌木、香草或者其他观赏草类，同时也营造出一片美丽的景观。高低不同的植物，能带来丰富的层次感，因而显得更为生动。从色相上来说，黄色是蓝色理想的互补色，对比十分强烈。全缘金光菊喜爱肥沃的土壤，以及日照充分的地点。正因为光线能随时透过篱笆照进花园，金光菊可以一直沐浴在最美的阳光下。

篱畔风光

篱下栽种的植物，美丽而轻松，与令人舒心安静的蓝色木篱笆一起，将花园里的景致和园外的风光连成了一片。篱笆轮廓的弧线形设计，更是有助于柔和而流畅地从有限的空间，向开放型的自然空间过渡。亲切的色调，最好是自然色，与木篱笆和谐地融为一体——并给篱下栽种的花草提供了色泽鲜明的背景，比如说，衬托月季的白色花海，或是作为恩氏老鹳草的强烈反差。您可以尽量选择能够生长高大的植物，植株高出篱笆墙，以此来模糊并柔化篱笆设置的边界。

小建议

自制板条篱笆

其实，自己来修建一道木板条篱笆，并不像想象的那么困难。不过重要的是，为了保证板条之间间隔均匀，并且确保工作效率，一定要按照正确的步骤来做。首先，您必须标出篱笆的大致走向。然后按如下步骤操作：确定栅栏中间的木桩位置，挖好安插木桩的孔位，先固定好四角的木桩，将其余木桩按一定间隔排列，在木桩上安好固定横撑的固定件，在木桩之间固定好横撑，安装木板条（包括控制间隔距离的配件），完工！

池塘区的边界

想要把天然池塘区域围起来，并且清楚地划定界线，一道松松的板条篱笆，无论如何也足够用了。修一道篱笆，篱下的植物可以倚靠，同时也保护了花园的使用者，以免发生无意跌落池塘的疏忽意外。这种结构松散的篱笆设计最大的好处在于，篱笆的走向可以完全适应地形的要求。只需要用铁丝将一根根板条固定在支撑的木桩上，就可以了。如果只是作为视觉上的分界线，也可以将木板条直接插在基座上，看上去更具天然风味。不过，要是想将篱笆设计得更为坚固结实，经久耐用，以下两点就更为重要：一是要避免木头与土壤直接接触，二是支撑木桩上安装的固定件要十分牢固。图中，从较为放松的视角出发安插板条时，间隔距离不等，疏密相间，让这道篱笆更具纯朴的田园风味，毫不矫饰造作。您是否要在自己的花园里，通过篱笆来分界，或是设定边界，这完全要看单个造景元素与各个花园空间的具体情况来决定。正常情形下，半高的篱笆（60 厘米以下）就能够满足功能性分区的需要了。

> **小建议**
>
> **柳条的妙用**
>
> 柳条柔韧灵活，而且能够抽枝发芽，可以说是绿色建筑设计中最为理想的材料。您可以利用柳条，自己建造圆锥顶的帐篷式小屋，或者是类似隧洞的圆柱形通道。所需材料：若干粗壮的枝条（用于支撑结构）和大量较细的柳条（用作编织），椰棕制的麻绳，再加上您的创造力！

巨型花篮

柳条编织的篱笆，能用得上的地方很多，它可以围住一个种植箱，或是在菜园里，作为菜畦分界线，形成自然的风格。根据具体情况的要求，它可以起到遮挡视线的作用，同时，视觉效果不会显得过于厚实沉重。柳编篱笆的安装比较简便，另外成本也相对较低。用蒿柳条编织的篱笆，能保证近于天然的设计风格，同时也兼具实用功能。柳编篱笆如果安装在不太常用的地方（比方说作为背景墙，阻挡视线的隔墙，以及树木和花坛围边），能产生一种令人眼前一亮的效果。图中的柳编篱笆如同一个巨大的花篮，将实用功能和漂亮的外观很好地结合在一起。

竹在框中

竹类植物，无论是人工栽培的形式（神农箭竹），还是生长茂盛的刚竹属品种，都需要做好阻隔措施。由于它强劲的生长态势，有可能在花园，或是庭院中，造成竹子横行霸道的情形。首先要采取阻隔措施的，就是地下部分，因为竹类植物的根系发达，会持续占据新的领地。另外，竹子的茎杆分为多节，因此，设计一个视线上的阻隔能取得更好的视觉效果。如上图所示，利用疏疏的木板墙，能够突出竹子的多节形态，看上去更加清晰。除此之外，水平方向安装的木板条，也与竹子的垂直生长方向形成了对照。整个木板墙固定在承重的混凝土支撑结构上，这样能保证板墙的稳固，防止强劲生长的竹子造成的挤压。篱笆墙稳固与否，支撑固定件的种类扮演了非常重要的角色。对于木桩的支撑，您应该选用所谓的包梁件，金属支撑件或者是T型铁，避免木料与土地直接接触。对于金属柱，或是水泥桩来说，相应的牢固且防锈蚀的地基支撑是必不可少的。另外，也请务必使用防锈的固定连接零件。

功能性分隔

松松的木篱笆，将花园与园外的林木风光隔离开来。而木篱笆本身既不碍眼，也不显得太过厚重，木条之间的宽缝令视线能够顺畅通过。木栏与树干、浅色的半身雕像，还有石板铺成的小径一起，烘托着园中植物青翠欲滴的色泽，形成鲜明的色彩对比。木篱笆前的岩白菜、鳞毛蕨和密密种植的草本植物，构成了一幅绿意融融、四季常青的场景，吸引着人们的视线。一般来说，纯粹用作功能性分隔的篱笆，尤其有利于设计一个非常流畅的过渡，以通往篱笆墙外宽阔开放的自然风光。

绿带

一般的篱笆都是竖直安装，整体上强调垂直方向的视觉效果。与之相反，您可以利用横条状的篱笆，来突出水平延伸的设计。如此一来，篱笆会整齐地朝两边延伸，因而从视觉上使狭小的空间显得更为宽敞。左图中，利用事先拼装好的木板条设计出的双横线，加上呈带状的常青藤，产生了非常生动有趣的效果。双横线的设计突出了木板墙整体结实的感觉,还有与众不同的外观。墙下一排小饰物，给这道突出实用功能的木板墙增添了少许可爱的氛围，小饰物的摆放同样选择了水平方向，一字排开，这或许并非巧合，而是刻意的设计。

盘根错节的篱笆墙

右图中的篱笆看似天然长成，实则耗费了许多心力，才能将这些树枝编结到一起。要是您并不需要它十分坚固密实，而只是想要一道另类风格的篱笆墙，使其充满自然魅力，那么像图中这样，相互编结起来的树枝，也能满足设置屏障和分界的功能。这样的设计，一定会成为您花园中不容错过的风景。您可以用不太粗的钉子，或是可弯曲的铁丝来固定每一根树枝。也可以用细股的丝绳或是麻绳，使整体感觉更加自然。柳树或者榛树上截取的树枝，用这种方法缠结在一起，效果都非常漂亮。

开放式栅栏

就在这道木条和铁丝编成的栅栏背后，草木花卉在蓬勃生长！通过扭结的铁丝连接起来的篱笆，看上去完全没有岿然不动的感觉。在大丛的天蓝绣球靠近木栏生长、挤压木栅的情形之下，有可能扩张蔓延——最后穿过栅栏的缝隙，长出篱笆之外。尤其是像这样长出篱笆墙之外的植物，会带来非同寻常的画面效果。灌木类植物，比如说这种植株高大的福禄考花，特别适合这样的设计，效果类似的还有郁金香或是藤本月季，特别是当它们与锈迹斑斑的金属篱笆结合起来时，颇具浪漫风格。

紧凑、迷人的视觉效果

您也可以采用图中的设计方法。在这里，并没有利用攀缘植物来装饰凉棚，而是选择了色调明快的黄色木板，作为花园空间的隔断和轮廓，同时用于阻挡视线，遮蔽风雨。这样一来，植物盆景不但能更好地发挥效果，同时也在有风的天气，找到了一个安全的所在。这种平衡而引人注目的效果，并非来自对某一件物品的突出强调，而是由谐调的色彩，以及对整体效果的专注产生的。两棵柳树生长得高出木板墙，并伸展到顶棚外，以一种自然的方式，使整体画面更加完整，同时也将花园和墙外的田园风光连接起来。藤编的器皿，能带来一份天然情趣。用芭蕉叶编成的花盆，则又给这个花园增添了一份异国风情。通过木条或者木板，从各个侧面将凉棚遮盖起来，这是一个好办法，可以用来遮挡视线，并且设置显眼的分界线。不过，需要注意的是，您应该使用自然色，在板条中间留出相应的缝隙，必要的时候，通过划分高低层次的方法，使木板墙的外形显得更为轻松自然。

由篱到墙

开放式的篱笆，密实封闭的木板墙。这一对亲密的伙伴，透过充满现代感的笔直线条，为休闲座椅区设置了清晰的边界，同时搭建顶棚的格架，很快就能带来绿荫一片。木条之间必须保持均匀的间隔，这样才能保证篱笆严谨整齐的外观风格。您可以在安装篱笆之前，就设好一个固定的间隙宽度，然后用一条同等宽度的木条作为标准，每次都用它来比量出间隙距离，然后依此安装固定下一根木条或是木板。与传统的木篱笆不同，这道木篱中间没有安装用于固定木条的横撑。而是通过顶端的一根钢制横条来加固，钢条固定在支撑木桩上，同时也给木条顶部提供了一层额外的保护，以免雨水浸入。这使得木篱笆尽管造型严谨整齐，设计结构上却显得轻盈灵动。木篱笆和后方设置的木板墙一起，营造了一种空间纵深感，清浅的水池设计，则进一步强调了这种空间感。另外，篱笆与墙基都嵌入长草的底座，这并非偶然，而是刻意为之，目的是为了使整齐的篱笆到平地之间的过渡更加美观，尤其过渡线变得柔和了许多。

1 绿点

您可以这样来设计一个流畅的过渡带——轻松自然，而不失生动。水平方向横铺的方形地砖，地砖之间留下了开放的缝隙，构筑了一道清晰但并不死板的草坪分界线。身为植物的羊茅草却跳到了另外一边，顺便将草地的碧绿也带到布满卵石和砾石的地面上。

1

2 正方形中的长方块

充满创意就是美丽，地面的设计越有新意，就越显得生动有趣，轻松自然。天然石材的地砖，与大块平铺的露台石板（厚度大约5厘米）组合在一起，能让您自由发挥，设计出图案有趣而坚固耐用的石材地面。设计和铺设时，请您遵循由内向外的原则。

3 填补空缺

这里，一处空缺打破了整个露台严谨整齐的笔直线条，效果十分引人注目。正是在类似的大面积地面处理中，通过设置缺口和缝隙，来增加美感和吸引力，是值得经常使用的方法。您可以用卵石来填充缺口。装饰品的效果则更好。

4 拼图

您喜欢拼拼图吗？那就在您的花园里，实现这个爱好吧！有两种方法，可以得到例子中的图案。您可以用剩余的石料来填满这个事先特意留下的空隙，或者从一开始，就设计好装饰图案，然后先铺上选好的石块，再围绕这个图案铺设周围剩余的地面。

4

5 河中的鹅卵石

卵石地面中间的这条分隔带，需要事先做好准备，精确地选取所需石块，这样您才可能依直线，将小块卵石准确地填满这片区域。您可以事先设定一小块一目了然的地面，估算一下要用多少卵石，然后以此为基础，算出整片地面精确的卵石需要量即可。

6 异彩纷呈

马赛克地面最大的优势在于：您可以使用几乎一切耐踩踏的材料。无论是木、石、金属、玻璃，还是塑料、碎片、砾石或是旅行的小纪念品——五花八门，更显生趣。将马赛克镶嵌在混凝土砂浆，或是抹平的水泥黏土层里，可以保证铺设的地面经久耐用，并且易于维护保养。

2
3
5

植物设计篇

伴随着时光生长，通向梦中花园

花园里没有植物？无法想象！即便在遥远东方的石头花园里，植物仅仅作为一种象征性的语汇出现；还有，尽管在现代园艺设计中，通常会将重心放在另外的地方。但是植物仍是不可或缺的，并且作为一种非常重要的设计手段，无从替代。

正因如此，利用植物来进行园艺景观设计，具有十分特别的意义。它不仅需要细腻的感觉，还要求无限的耐心和创造力。对于园艺设计来说，具备关于植物学和植物社会学的深刻理论认识，当然十分重要，也很有帮助，但并非首要的先决条件，也远远不能保证，您会就此拥有梦幻花园。因为梦中的花园，是生于自然，长在心中的。与完美的植物学知识相比，不断尝试，认真观察，再加上实践经验，以及您自己的愿景，这一切，更能将您引向只属于自己的幸福花园。无论是通过色彩、图案，还是大片种植，您都可以利用植物来进行独一无二的设计与布局。

植物设计

您可以从完全不同的角度着手，来设计栽种园艺植物，并由此在您的花园里，确定相应的设计风格重心。随着四季更迭，植物的效果和产生的视觉冲击力，都在不断地变化，形成了一种无与伦比的天然动感。最为理想的情况，是您的花园一年四季都能呈现出鲜活的生命力——植物生机勃发。作为每一个花园里的基本架构的组成部分，植物，能够承担各种功能，它总是在不同的层面发挥作用，给花园这个展现个人风格的地方带来独特的面貌。

通过植物来作为园林的结构性分界，是一种非常重要的风格特征，它直接影响花园的整体观感。独植的树木、绿篱、视线屏障，以及植物造型雕塑，都有很强的设计能力。在私家花园的设计中，作为视线的焦点，庭院中那棵主要的树木，一直都占据着非常重要的地位。它能给人带来绿荫，凸显地方树种的特色，协助空间定位。如果是果树的话，还能结出美味的果实。庭院中树木的大小和形状，大多数时候，也会给它周遭的环境带来直接影响。

除了独植的树木之外，绿篱也能营造花园空间，作为遮蔽视线和挡风的屏障，并为不同的造景元素提供舞台背景，尤其是成片的植物绿地。树篱本身也能设计出独特的风味。通过造型修剪，或是匠心独运的形态设计，可以做到这一点。利用树篱，您可以完美地重现轮廓、线条和形状，并将它们传递到地面和您的花园中去——或者也能刻意将它从整体环境中剥离出来，设置一个风格独立、自身效果突出的绿篱区。

比方说，您可以利用植物造型雕塑，在花园空间里营造引人注目的焦点。独一无二的造型，在这里的效果十分明显。有些植物种类可以任意修剪成所需的造型，而且能培育、修剪成极为独特的生长形状，令人耳目一新。一方面可以是棚架、盆栽、顶棚或是圆锥造型，另一方面，也可以采用基本几何形状，或是有机的曲线来为植物造型。您完全可以设计出人意料、独具一格乃至怪异的风格，但是一定要注意，不能脱离所在的花园区域，因为植物造型雕塑最重要的作用是突出重点，而不是抢占整体风格，喧宾夺主——只有一种情况例外，那就是您决定要建造一座纯粹的雕像花园。

拥有一年四季鲜花怒放、生动美丽的花坛，这并非遥不可及的梦。您在安排栽种植物的时候，一定要随时考虑到全年的因素。在这种情况下，无论是作为最受人欢迎的春天开放的种类，或是在盛夏即将过去时，园中引人注目的点缀，鳞茎和球茎类的花卉，由于它们异常艳丽的色泽，都能够扮演十分重要的角色。利用它们，您可以拥有各种各样丰富的设计选择，突出重点也好，大面积铺开也好，这些花卉，可以一年四季将您的花园点缀得格外美丽。

将不同的色调组合搭配在一起，需要一点色彩学的常识，如果色彩和谐与色彩对比，以及各种基础色和混合色的理论，对您来说并不陌生的话，您就一定能够从另一个角度入手，来设计您的种植区。植物的混栽，还有植物的种类，很大程度上决定了地面的视觉效果——如果加在一起，就能决定整个花园的风格。因此，不同植物种类和品种，造成叶片的色泽各异，以及秋季树叶色彩的变化，是设计时一个不容忽视的方面。除此之外，您还可以利用常青的赏叶植物，针对四时变化、色彩纷呈的花卉，作为一种补充；同时，成片地群植赏叶植物，还可以作为花园空间相应的边框分隔带，这样来完成您的设计，既赏心悦目，又能帮助构建空间。

一边是玫瑰，另一边是各类草本植物，这样的风格，糅合了传统的园艺与现代设计的特征，使用范围广，富于变化。玫瑰最大的特点，是花朵繁茂艳丽，气味馥郁芬芳且耐低温的观赏性草本植物，作为风格鲜明的造景元素，还能在寒冷的冬季保持迷人的效果。除了用于大面积的地面种植之外，草本植物也十分适于栽种在花盆里，作为流动性的绿化元素，用来点缀、补充和完善露天绿地空间的基本布局，效果非常出色。利用植物来进行设计，要求您在园艺这方面，花费一定的心思和精力，还有耐心，但它是一把专属于您的钥匙，亲手种植和培育，能开启那扇通往梦幻花园之门。

季节伊始的花朵

一眼望去，春天的脚步已经越来越近。番红花是最为人所熟知的报春花之一，它将整片草地变成了波光闪动的花之海洋，生成一幅童话般的图景。要是您将不同品种的番红花互相混合，栽种时，有意避免相同种类形成分明的界限，会收到很好的效果。如果栽种时，不断将白色的品种混入其间，开花后在阳光下闪烁，将会更加光彩照人。种植在自家花园的番红花，需要一片有阳光的半阴环境的草地，以及腐殖质丰富的土壤条件。很重要的一点：在草地上种植番红花后，请将您割草的时间尽量向后推迟。

纯天然地毯

大树下面只有草坪，如果总是如此，还是稍显单调。树木越高大，尤其是独植的树木，在树下种植其他植物的选择就越多。因为高大的树木意味着树下的空间更大，树荫更浓密，对于水肥的竞争更少，再加上树干渐渐越来越粗，这是一幅更为美丽而天然的图画。在树下的地面，栽种易于生长的伏地植物，能够在很大范围内避开大树的根系区域。这些植物当中，熊葱的气味独特芬芳，林石草花开时铺就一片金黄色的地毯，而春脐果草盛开时的花朵则是纯净的明蓝色。

树干下的原味香草

如果您的花园里阴凉充足，土壤松软、湿润，富含腐殖质与钙质，将熊葱栽种在大片树木底下是非常值得的选择。熊葱春季发出新叶的时间特别早，还在第一场霜降过后的早春二月，它就会给您的花园披上一层新绿嫩白的外衣。熊葱气味芬芳，尤其是它的叶片，那扑鼻的香气，正是它作为极受欢迎的芳香植物，在花园中稳稳占据一席之地的主要原因。但是，在适当的条件下，熊葱会蔓延生长，形成一片地毯，将其他植物排挤出去。

雪样的花朵

这种栽在树下的植物，美丽、天然，每年花园季节伊始，它总会率先迎来花季：它就是雪滴花。它那白色的吊钟型花朵，如果开放在蓝色和黄色的报春花卉旁边，效果绝佳，比如西伯利亚绵枣儿和冬菟葵之类。新鲜湿润而富含腐殖质的土壤，以及光线充足到半阴的草地环境，夏季浓绿的乔木下，给它提供了机会，通过种子繁殖或是鳞茎繁殖的方式，逐渐形成一片迷人的领地——为此，您要在植物花期过后，尽量推迟修剪草坪的时间，给它一点机会，让叶片自然枯萎，植株休眠。

小建议

群植效果尤为出众

玉簪是一种相当骄傲的赏叶型灌木。但是，只有将大量不同品种和类别的玉簪混合群植，才能最好地凸显它的观赏效果。无论您是采用灵活的盆栽形式，还是让它在花园土壤中生根，选取不同大小的植株，都会带来空间纵深感，并且使得整体布局更为生动。

硕大茂密的叶片

这一组由不同品种的玉簪和盆栽构建而成的植物景观，为我们呈现了一幅庄重大方的画面。对于色泽介于黄绿之间，变化多端、品种丰富的玉簪花来说，这样的布置方法十分理想。因为如此一来，您就可以不断重新安排单株植物的位置，造成生动的变化。在干旱季节，尤其是阳光充足的早春时节，直射的阳光暴晒有可能会使玉簪花鲜润的叶片变得干枯，盆栽的形式就能很好地避免这种情况发生，必要的时候可以迅速将花盆移至阴凉地带。如果是露地栽培，最适宜的地点，应该是独植的大树下，枝叶间既能透过阳光，又有阴凉。不过，玉簪花这种植物，总的来说比较容易打理，可惜在抽出新叶的时候，常会引来蜗牛频频光顾。要是您不愿使用市面上有售的驱除蜗牛用品，比如说驱蜗牛药粉，或是防蜗牛的护栏等等，那就必须不时地查看叶片，将蜗牛捡拾出来（对付蜗牛最简便的方法！）。不过，蜗牛极少对植物造成什么真正可见的损伤。清早给植物浇水——而不是晚上，能缩短蜗牛在植物上做好准备的反应时间，因为太阳升起之后，蜗牛就必须躲开阳光直射。

蓝绿之墙

在某些地方，阳光无法透入，尽管光照不充足，并且空气湿度相对较高，您还是能够设计出美丽迷人的景致。除了针叶树种，和像冬青这样的常绿阔叶树种之外，还有玉簪和岩白菜，叶片阔大美丽，并用生动诱人的白色、紫色和粉色花朵来吸引人们的目光，可以将它们栽种在生长条件较差的地点，构建一道碧绿骄人的风景。图中，多株圆叶玉簪与锦熟黄杨轮番交替，给这一道半阴的围墙区域，造成了一种庄重大方的观感。

超巨型叶片

调转方向，现在让叶子代替花朵的位置，来主宰一切，您肯定能收获惊异的目光。为此，您需要的只是巨型赏叶植物，它的叶片足够巨大，能够夺走灌木花卉的耀眼光芒。能中选的灌木植物有以下四种：唐古特大黄、雨伞草、盾叶鬼灯檠，以及在此处可见的大根乃拉草。这些植物拥有奇迹般巨大的叶片，需要新鲜湿润、营养物质丰富的土壤，还有足够的生长空间。除此之外，大根乃拉草还需要良好的越冬防护保障，最理想的方法，是利用从它自身修剪下来的巨大叶片来给它保暖。

绿草常青

蓬勃茂盛而无丝毫娇贵之气，富有强烈的空间感并四季常青。人工培育的神农箭竹，即便是在较为恶劣的气候条件与环境下，也会开枝散叶，茁壮成长。不过，较高的空气湿度，以及湿润到潮湿的土壤（不过要避免水分淤积！），能给这种来自远东的植物提供最为适宜的生长条件，令它苍翠欲滴，长耐风霜。图中的绿竹，与同样对生长环境没有太多要求的常春藤一起，让这片垃圾区变得绿意盎然、风格轻松，并且十分有效地遮挡了视线。作为一种维护方便、四季常青，同时还拥有一丝异域风情的植物，竹类植物能够在很短的时间内，就能为您带来预期的效果。

工整美丽的叶片

几乎没有哪种灌木植物，像玉簪花这样，能够呈现如此工整大方的叶片供您观赏，或是特别适合用来设计线条柔和、体积庞大的轮廓。玉簪花群植的效果尤为动人心魄，最为理想的是将不同的品种混种在一起。墙边、树下，还有肥力充足的土地上，都是玉簪花生长旺盛的理想所在。关于品种的选择与组合，可以完全依照您的喜好随性而为。不过无论如何，以下这种三足鼎立的组合，都能展示一幅生动无比的画面，三个品种分别是：圆叶玉簪、高丛玉簪和花朵呈灰蓝色的品种“蓝天使”。

洒下一片绿荫

大型！巨型！（几乎）只有大叶蚁塔堪当此名。在占地宽阔、视野毫无遮拦的花园里，它那巨大的叶片会给人留下难忘的印象，如果能够将它与势均力敌的植物结合在一起，收到的效果最为显著。比方说，在潮湿的池塘周边区域，黄菖蒲就是绝佳的搭配。大叶蚁塔最为适宜的环境，是高大树木下，有阳光，也有阴凉的区域，以及富含营养物质的土壤。正因为它的巨型叶片，本身就会造就大面积的阴凉，因此您必须注意，在直接靠近它的地方只能种植耐阴的植物。正如上图中稳重大气的设计所示，您可以放心地将玉簪种在它的左近。图中栽种的心叶总状升麻与玉簪巨大的叶片分庭抗礼。它的花茎直立，能够向上挺立，生长到两米的高度。不过，您一定要注意，不要让您的花园负担过重，像这样生长强劲的植物，最多独植两到三株足矣。它们周边环境的布置，则直接决定了整体效果。正因为此处的大叶蚁塔，直接种在池塘边，它的部分植株，甚至伸展到了池塘上方，因而它拥有足够的空间和余地，将独特的视觉效果发挥得淋漓尽致。

天然造型

上图中，混合栽种的多株玉簪花生长在一起，构成了如此优雅整齐的造型，令人过目难忘。高扬的花序，与四周的草木争夺着观者的目光。如果您想在草坪中央设计一处堂皇大气、引人注目的景观，又不愿意布置一个界限分明的植物区域，要是草坪面积足够宽阔，像上图中这样布局紧凑、风格强烈的造型，是一个非常好的选择。通过与周围区域类似的轻松自由、自然生长的设计风格，玉簪花彻底地融入了周遭的环境当中，在强化花园整体风格的同时，也突出了草坪中心。要想布置这样的造型，您无需花费过多精力，只要了解玉簪花生长规模的大致情况，然后在栽种时保持植株之间相应的间距就行了。在等待玉簪花自然生长成型期间，您可以在植株中间的间隙布置盆栽植物，或是单株的草本植物，点缀的效果极好。您还可以根据增加的生长范围，将玉簪花逐棵分别栽种，直接种在大小合适的花盆里，或是种在周围的花坛中。作为参考标准，在种植的时候，在地面以上叶片的延展部分，植株之间的距离大约要保持一米左右。

红白间杂的蓼属植物

火红的抱茎蓼和乳白色的山蓼，如同色彩强烈的二重奏，构成一幅如此迷人的植物布景，令人陶醉。将红色与白色作为植物的主色调，一般会带来效果极为强烈，同时又互相衬托呼应的色彩风格。您还可以尽量选择适合的色调（粉色、橙色、紫色）加入其中，使整体构图保持和谐。蓼属植物喜阳光至半阴环境，需要肥力充足并稍微湿润的土壤。光线明亮的树木周边，或是池塘附近，都是它们最为适宜的生长环境。尽管蓼属植物的花朵单个看上去较为细小，但是它们的烛状花序从浓密的叶片中高高挑出，如火一般艳红而动人心魄。恰恰是在进行天然风格的场景设计时，选择抱茎蓼，无论是单株种植还是群植，就等于在色彩方面有一张王牌在握。还有一种植物，无论是生长形态（紧密丛生的叶片、高高伸出的烛状花序），还是对种植环境的要求，都与蓼属植物十分相似，这就是开白色花朵的心叶总状升麻，当总体设计对自然风格的要求很高时，它们可以作为抱茎蓼的理想伙伴。

田园之花

郁郁葱葱、自由自在、充满了乡间野趣——还有浓浓的夏日风情。这片多彩多姿的灌木花卉植物，让人忍不住渴望深深地呼吸，闻一闻乡野气息和花朵的芬芳。几个世纪以前，蜀葵就已经作为传统的乡村花园植物，在田园风情的花园里，占据了显赫的一席之地。这自有其道理，因为它植株高大（可长到 1.8 米），尤其是它那蓬勃怒放的花朵，更是能够吸引无数目光。将蜀葵种在南墙下、花坛中间，或是篱笆边，效果绝佳！把这个开红花的品种作为夏季花卉栽种在大树下，能给笔直的树干重重地涂抹上一笔亮色。大约每平方米栽种三至五棵植株，足够铺满地面。应该说，对于几乎所有的夏季花卉来说，大量充足的阳光都无比重要。整个夏季，您一定要注意充分浇灌，避免积湿现象以及土壤肥力不足。您可以灵活地栽种夏季花卉，不管是要在花园中填补空间上，或是季节上的空档，或是要寻求集中而强烈的色彩效果，它们都是助您实现园艺之梦的好帮手。将它与小花朵的地被蔷薇、常夏石竹，还有毛剪秋罗种植在一起，那深深浅浅的粉色与红色，定会绽放出充满乡野情趣的自然光彩。

小建议

攀缘而上的美丽

铁线莲特别适合渗透进其他攀缘植物当中与其交错生长，比如说常春藤。与藤本月季交织在一处，效果最美。它的根系喜阴。修剪要点在于：无论是什么种类和品种的铁线莲，都要在花期过后进行短截，而多次开花的铁线莲品种，只需去除枯枝即可。

展示区

柳条编制的篱笆，在这里只是顺便起到分隔的作用。它的首要任务是将鲜花盛开的五彩缤纷的灌木植物，与篱外的树木融为一体。作为一种独具风格的造景元素，在多姿多彩的植物中间，它不仅提供了保护的屏障，而且可供倚靠、攀爬，并且起到了烘托视觉效果的作用。此外，一定程度上，它还承担了后墙的功能。大朵的铁线莲品种"鲁佩尔博士"，艳粉色的花朵中心带有洋红的线条，种在此处，视觉效果极好。画面中突出强调铁线莲那攀缘在篱笆上的绝美花朵，无疑成了一道最为独特的风景。

五光十色的焰火表演

灌木植物的组合，竟然能够如此壮观、令人惊艳。墙后的这一片区域，避风而温暖，高大美丽的灌木种在此处，明显乐不思蜀。将墙面作为基准点，把它当成类似电影银幕或是油画的画布，在此营造出一幅场景，其色彩特别明艳强烈。红砖的基调，反衬着五彩纷呈的植物，带来一点粗犷朴实的风味。一块砖又一块砖叠加，能呈现出自己的特点。墙面为大片的忍冬提供了攀缘支撑，也成为它展示自己的舞台。高大美丽的灌木混杂丛生，看上去十分诱惑并动人心弦。因为这样的大型灌木，本身就如此美丽大方。硕大的花序，令人一见难忘的高大株型，使它们成为非常重要的结构性造景元素，以及整个种植区的主要景观。如此傲人的高大灌木，大片群植的效果，几乎让人神为之夺。选取不同的植物类别和品种，则能使种植区的局部设计更加生动。这样一来，硕大的花序就能直接与它的友邻争奇斗艳。它们给整个种植区带来真正的生命活力与动感。金黄色的奥林匹克毛蕊花，毫无疑问，应该属于这一类艳丽壮观的大型灌木（株高至 2 米！），它尤为喜爱阳光充足的温暖地带。

满目金黄

栽下向日葵，尤其是大片群植的向日葵，您就直接将太阳种在了自己的花园里。这种植物同样适于盆栽，作为花园中机动灵活的点缀。不过用于盆栽时，您最好选择特殊的矮株品种（例如“欢颜”），避免给花盆和培养土造成过重的负担。向日葵最美的花朵，成长在向阳、温暖的地带，湿润而肥沃的土壤中。请不要忘记：水！正因为它生长极为迅速，因此您应该尽可能频繁地浇灌它。向日葵与金光菊的二重奏能让您的整个花园中——高低错落地——开满黄色的花朵。

高大美丽的灌木植物

您可以选择栽种虎耳草科的美花落新妇，来将您的灌木花坛布置得美丽大方。花序顶部、草叶尖端的色调层次丰富，呈现出细微的变化，渐渐由白色至浅粉，一直过渡到艳丽的洋红色，植株高度也从 40 厘米到 120 厘米不等。这就从色彩上和高度上给了您设计层次感的可能。在整个种植区域内分散栽种多株同一品种的植物，将它当作不断重复强调的重点所在，这是赢得突出效果的一个好办法。随之，您可以在这些主打品种的周围，用较为轻松自在的方式，随性栽种您喜爱的其他品种，使它们相互融合。至于落新妇，它性喜明亮的半阴环境，以及富含养分的土壤。

洁白如雪的美丽

大丽花那白色的花球洁净耀眼，仿佛具有魔力一般，让周围的一切相形见绌。要想达到这种特殊的效果，有一个小窍门。完全独立封闭的栽种方式，不可能收到这种令人着迷的效果。采用较为自然随意的排列方法，在群植的同种植物中间，不断插入其他的灌木或草本植物，打破封闭的感觉，作局部的点缀和强调，这样一来，要是隔着一定距离观察，它们就会形成一个效果强烈，风格统一，而又不失生动变化的整体。您刚好可以利用鳞茎类花卉的球茎，来实现这样的局部点缀——由此增添整片区域的动感变化效果。

混种的绣球花

美丽、大方、色彩浓烈。绣球花应该属于最为艳丽壮观的空间构造元素之一。大面积群植不同品种的绣球花，能将它的视觉效果发挥到极致，带来最为诱人的色彩魔法，这一点与蔷薇和杜鹃花有异曲同工之妙。要在超过 70 个品种的绣球花当中做出选择，显然并不是件容易的事。不过，看到上图中的景象，您应该很快就能明白选择其实并不取决于某个单一品种，而是更多取决于栽种的范围和面积。不过，无论如何，蓝－紫－红的色彩组合都会给您带来特别强烈的视觉感受。

成群结队，异彩纷呈

如果您希望拥有特殊的视觉效果，并且想给观察欣赏植物的人们留下强烈的色彩冲击印象，那么，利用色调的对比反差不失为一个好办法。以传统的色相环排列作为标准的互补对照，效果会更好一些。不管是利用什么植物，形成黄色与蓝色的对比，这是色彩效果中最为强烈的一对组合。拥有蓝色花朵的植物，选择之丰富，正如黄花植物的类别和品种一样，几乎无穷无尽。绿色与白色，一直都是宁神静气的中间色，通常被用于两个独立的重点色彩之间，当作视觉上的屏障。在拉丁语中，互补这个词，还有实现以及补充的涵义。完全意义上的互补色能做到以下两点：一则是通过色彩效果达到精神层面的实现，二则是要能够证明，相互对立的色彩能够互相吸引、互相补充。对比的基本原则，在这里，一方面通过色彩各异的花朵，另一方面通过植物生长的节奏韵律，得以实现。黄与蓝、绿与红、单株种植与成行栽种，都形成了鲜明的对照。另外，开黄花的万寿菊作为夏季的鲜切花品种，也是上佳的选择。

小建议

色相图的使用

由色彩学理论而推出的平衡调和的色彩，能帮助您的植物区实现风格上的统一和谐。以黄、红、蓝三色（三原色）为基础，可以调配出最为和谐的（补充调和），还有对比最为强烈的色彩组合。这一方法也同样适用于大面积的植物栽种。

混合着五颜六色

鼠尾草，无论是作为香气浓郁的香草，作为大面积种植，或是局部栽种的重点植物，还是作为蓝紫色的点缀，都堪称绝佳的选择。不过，要是您希望偏离一下大家都熟知的色谱，鼠尾草也有白色的品种供选用，例如林荫鼠尾草“亚德里安”。通过混合栽种不同种类的灌木植物，在此产生了一幅变化万端、极为美丽的结构图案。新绿欲滴的背景，则强化了种植区五彩缤纷的色彩效果。正是通过不同品种均匀而彻底的混杂，使得此处的灌木种植区拥有了一种非比寻常的魅力。您也想拥有品种繁多、混合在一处、四季盛开的花卉灌木吗？得来全不费工夫，现成的混合植物种子会助您梦想成真！

小建议

花坛的主导者

作为花坛中的主导，例如天蓝绣球、翠雀、火炬花等品种，都应该在布置花坛之初最先栽种下去，构成明显的基本框架。随后再根据它们的花朵颜色、开花时间和花期长短，以及生长的高度，仔细选择搭配的灌木和铺地植物，从而设计出一幅完整紧凑、四时皆宜的图画。

丰富多彩的整套节目

图中的花园确实让人大饱眼福。在此，几乎用上了一切丰富多样的手法，来进行花园中的植物设计：结构图案、造型修剪、高低层次、视觉重点、主题强调，再加上前景与背景的和谐设计。火炬花用它那艳丽无比的巨大花饰，骄傲而当之无愧地占据了园中最为引人注目的位置。不过，与它争奇斗艳的还有深蓝色的翠雀，以及山萝卜那一朵朵红色小花。种植的品种这般丰富，规模如此庞大，当然需要整年的精耕细作，因为混合栽种常绿的造型修剪树木，高低错落、层次分明的夏季大型灌木和多年生灌木，需要极佳的土壤条件，当然还有及时充分的灌溉和定期修剪措施。由于这一类花园栽种的植物密集、生长旺盛，再加上各种植物四季轮番登场、常年不断，因而充足而正确地施肥是必不可少的，肥料首先应该囊括植物所需的最重要的营养成分：氮（N），磷（P）和钾（K）。

小建议

图案的细节

您是否希望您的花坛优美精致，直至细节层面？那就请您根据结构和质地的细节（叶片、花瓣）来选择植物。精致的细部互相映衬，能够焕发独一无二的光彩，例如选择大刺芹与假升麻。

添彩增艳

是选择属于同一色系的相互协调的颜色，还是反差鲜明的对比色？是混合栽种不同类别的植物，还是栽种同类植物的不同品种？是均匀分布，还是高低错落、参差不齐？布置设计花坛的时候，您会面临很多选择。上图中的设计十分成功，渐次盛放的花朵给整个场景带来和谐的氛围。大丽花与粉红色大波斯菊的搭配非常精致。这些夏季花卉的植株高度近似，基本色调也一致，混种在一处，几乎融为一体。如此一来，使得整体视觉效果更为强烈而集中。请您在布置植物时，不要轻易动手，而是尽量从基本色调、品种、生长形态以及季节变化这些方面着手，使每种植物之间相互协调。

蓝与紫的花朵装饰

这里的基本色调，由艳丽的大花葱给定，后面呈带状的薰衣草则再次强调了整个画面的蓝紫色基调。就此处的设计而言，应该说是与众不同、相当特别，因为葱类植物（50 至 150 厘米）的生长高度要远远高过薰衣草（30 至 60 厘米），事实上，照理说，长得最高的植物应该栽种在花坛的最后排作为背景，以免过多地抢去种在前面植物的风光。从基本原则来说，此处的布置也是如此。不过，花葱的花茎生来就非常纤细而挺直，向上伸出高度几乎超过了植株主体本身高度的两倍。如此一来，从视觉上来说，高高的花茎是作为点缀，突出艳丽的特色，而并不是大面积地挡住了后面的布置。这里栽种的花葱，给整个植物区增添了初夏风情。随后则有薰衣草加入场景当中，因为花葱的花事将尽之时，薰衣草刚好进入花期，并一直持续开放到八月底。如此一来，五月伊始，您就能快乐地拥有花葱那美丽的球状花朵，接着有几个星期的时间，欣赏蓝紫夹杂的美丽花事，随后就过渡到那一带香远溢清的薰衣草。花期过后，高高的花茎还会有相当长的一段时间能够为植株吸收阳光，不过随着叶片发黄枯萎，您应该将茎杆完全剪去。这是为了下一个花季的来临，让地下的鳞茎更好地蓄积必要的能量。

惊艳登场

您希望拥有鲜艳强烈的色彩吗？而且在您的花园里，向阳或是半阴的地方，还有些空地吗？要是果真如此，那么日本杜鹃，一种开花特别繁密的杜鹃品种，也许会适合您的需要。不过，要是您决定栽培杜鹃的话，无论如何必须考虑采取良好的防风与御寒措施（毛毡或是干松枝）。杜鹃花艳丽的色泽，尤其是那种绽放的光彩几乎无以伦比，特别是群植多株不同的品种，效果尤佳。杜鹃花株型厚实紧凑，因此也十分适宜于在小花园种植，或是露台栽培，或者作为水滨的点缀。此外，盆栽也可。不过，这种美丽的花卉独具亚洲风情，与松树一类的树木搭配，种植在石头点缀的区域，能够发挥最好的效果。日本杜鹃花色繁多，您可以从纯白到橙色，直至大红的全部品种当中进行选择。不过红色系的品种居多。能保证存活期长、值得推荐的品种有:“最爱”（玫红色），“罗莎琳德”（粉色）和“雪光”（白色）等。为了避免眼花缭乱的感觉，在群植的杜鹃花丛中插入常绿植物，对于视线的定位十分有益。

粉彩相宜

一边是效果绝好的分界线，另一边是繁花怒放，明艳无比。这一对亲密无间的伙伴，造型修剪绿篱和粉色的紫八宝（紫景天）极具风格，双双将上面的休闲座椅区漂亮地围在当中，并给周围的花园区域涂抹上浓重的色彩。不同的叶片，使得深深浅浅的绿色互相映衬，色彩的和谐几乎已臻化境，两种植物互相融合生长，几成一体。特别是紫八宝的杂交培育品种（例如“秋之友”和“马特罗娜”），格外适合用于秋景和冬景的设计。布局方面要求采用多株群植，并搭配耐寒的观赏草类。土壤应该肥力充足、透水透气性好，尽量栽种在向阳、温暖的地带，从而确保伞状花序保持迷人的状态一直进入冬季。上图中，背景处的高大灌木用它火红的花朵照亮了观者的眼睛。正因为植物的花期时间有限，因此在您设计和谐的整体画面时，一定也要考虑叶片色泽相互协调——或是通过叶片的不同颜色，来营造色彩上额外的反差效果。

镜中之竹

竹子，这种来自遥远东方的神奇草木，渐渐已在现代风格的花园中落地生根，拥有了一席之地。它那自然大方的生长形态，刚好适于打破呆板方正的造型，或是用来营造一片郁郁葱葱、生长茂盛的天然布景。竹子尤为迷人的地方，是无数小小的柳叶刀形状的叶片，配上笔直挺立、依照不同品种而色泽各异的茎杆。无论是盆栽还是群植，带来的视觉效果毋庸置疑。搭配鹅卵石或碎石子，风味更佳，因为石质地面能加大反差，使竹杆的姿态更为鲜明突出。在左图这个小小的花园中，特意安置的镜面玻璃为心中的竹林幻境营造了空间氛围。

傲立的拂尘

左图的花坛中，一片群植的蒲苇身姿挺拔，昂首而立。在高低错落、层次分明的植物当中，蒲苇白色羽毛状的圆锥形花序，如同堂皇的冠冕覆盖其上，成为一道迷人的风景。不仅仅是在平地上，您亦可以将蒲苇种植在墙前设计出美丽的场景，它的巨型植株（株高至 2.5 米）与平滑均匀的表面能够形成反差效果，令人过目难忘。请在冬天的时候做好防护措施，干燥的遮盖物（干草）即可。另外还要注意透水透气性良好、养分充足的土壤条件，并将它栽种在温暖朝阳的地段。

亮点

观赏性的草本植物，不仅五光十色、引人注目，而且由于它四季常在，也是非常重要的结构性造园要素。在茂密的灌木丛中，栽种的草本植物色调明亮，其中包括这里红色的泽兰。它们首先在灌木丛中营造了一种生动活泼的氛围，给植物设定了一个饶有趣味的节奏，同时又没有夺走灌木植物的风光。为了确保不削弱花坛中的灌木植物现有的风格和特色，您在选择草本植物的时候，一定要注意植株高度应该与灌木植物相仿，同时也要留意它蔓延生长的范围和程度。最好是株型紧凑的品种，刚好能够填满植物之间的空隙。

冬天的绝美风景

完美的冬季花园！草本植物，尤其是那些高大美丽、植株高度超过一米的观赏草类，能让您的花园在冬季时，也在最美的光线中焕发光彩。通过大面积种植高大突出、整日沐浴在阳光下的草本植物，您可以布置出如诗如画、令人赞叹不已的景致。在晨光暮色之中，当阳光斜斜地照射着锥形花序，光线穿过羽状的叶片，这些摇曳的长草才充分展示出全部魅力。芒草和苇状酸沼草都能作为强调高度的植物。

翩若惊鸿的园艺之美

在自己的花园里度假，多么浪漫的理想。光靠这架海滩篷椅，或许还无法完全实现这样的梦想，但是一定已经走出了积极的一步。两支灯塔形状的照明灯，尤其是与那一蓬蓬高草配合着，倒是马上会让人忆起宁静安逸的海滩情景。鹅卵石铺就的小路，两株高高的树木造型简洁，同着镶边的芒草，让这幅假日图景变得完整起来。尤为美丽、令人印象深刻的，是整片绗被式的图案，它由叶片狭长、细如发丝的墨西哥羽毛草构成，这是一种观赏草，它能够把整座花园变成天然效果的绗被。墨西哥羽毛草应该成片种植在透水透气性良好、向阳的地带，它能适应较为贫瘠的土壤。主要在最初的生长阶段，它需要一定的灌溉，除此之外，这种植物非常强健，易于管理，一般情况下也能自行繁殖。能够提供类似效果的，或者说至少与它不分伯仲的植物，还有针茅。无论是巨型植株的大针茅，毛茸茸的长羽针茅，还是叶片透明的针茅品种，都十分美丽。

小建议

给草类植物注入生机

进行以下活动，请避开冬天，最好等到早春——剪去头年的茎杆，平茬一次。若是常绿的观赏草类，可以最多截短草茎的四分之三。为了让草类植物保持新鲜活力，您可以偶尔用一把铁锹，将大丛的草分开，并重新种下。开始的时候施用有机肥和氮磷钾复合肥，能够帮助草类成活。

淡妆浓抹

在上图中，您能够同时找到多个十分典型的用于现代风格空间设计的元素，它们共同构成了这样一个装饰性极强的场景：色彩浓烈的背景墙，以及郁郁葱葱的神农箭竹营造了一个效果丰富的空间和布景，木质露台作为功能性分区的元素，而狼尾草的点缀则显得别有情趣。在这一片不失现代感的天然情境里，一只猫四足稳稳地立在正中，怡然自得。狼尾草适合生长在透水透气、肥沃的土壤中，以及尽可能阳光充足及温暖的地带，这有助于它那美丽迷人的穗状花序盛开。在冬天里，效果特别棒！

令人惊艳的白色芒草

上图中，两种效果强烈、最具风格的园艺草类在花园中营造出极具魔力的气氛：拂子茅与蒲苇。这两种植物都能蓬勃生长，占据大片领地，特别适合用于设计自然风格的场景。作为花园中的空间结构元素，它们可以一年四季发挥作用。这两种草类都喜爱温暖向阳的环境，不过拂子茅在半阴地带，也能茁壮地生长。由于这两种风格鲜明的耐寒草本植物，都能长得极为高大，所以您应该用灌木，最好是与之协调的草类来围边。这样一来，给了傲立的高草漂亮的布景，将它们衬托得更为出色，同时，通常也能保护它们脆弱的根系免遭（霜冻、寒风的）侵蚀。这一点对于蒲苇尤其重要。正因如此，您最好在早春时将老茎杆短截，不过要注意，只截至抽出新叶的位置。这样可以防止水流进敏感的根茎部，尤其在冬天，这个部位性喜干燥。不过，除了这个季节之外，生长期的时候，请不要忘记定时浇灌。由于植株的生长形态巨大，栽种蒲苇时，每平方米一棵，拂子茅每平方米三棵就足够了。

成熟的表演

冬季的造景元素，在各方面都能吸引人停驻，因而对于一座全方位打造的花园来说，是不可或缺的。一个拥有四时风景的花园，每个季节都会提供不同的侧重面，尽管可以从整个园子中脱颖而出，但是却不应该脱离花园的整体风格而独立存在。正如独植的树木在早春开出花朵来点缀整个花园，您也可以同样选用球茎花卉，来精到地设置引人注目的景致。利用草本植物来确定花园的结构，设立植物区，进而设定整个花园的框架，最理想的是四季都能发挥作用的选择。从初春直至夏末，园中多半都是灌木和观赏树木，以及夏季花卉各领风骚，而草本植物（尤其是株型高大的观赏草），最迟到树木花卉的叶片纷纷落下时，则以它们独有的风情征服人们的眼睛。图中的冬日花园风景，展示了一幅别具一格的天然图画。蒲苇那巨大的锥状花序雪白美丽，从童话般的布景中脱颖而出，高高跃出了薄霜覆盖的植物。几乎所有耐冬的观赏性草本植物，都要等到来年开春再进行修剪，因此在冬日，主要是它们捕捉着阳光、霜雪和露滴。

小建议

适于小型池塘的草本植物

剑叶灯心草、白毛羊胡子草和莎草科的牛毛毡植株生长的形态适中。小香蒲和花蔺分植在盆中则最为理想。草菰是替代芦苇的佳选。

自然的生长

水池和绿草，尤其是图中这丛丛芦苇，堪称天然绝配。苇草、香蒲与薹草的领地象征着自然。不过由于植株巨大的缘故，并不适合面积较小的池塘。上图中，交错栽种的莎草属植物与朴实的建筑参差相映，带来一股天然而轻松的气息——同时也为池塘制造氧气。这里的植草区域不仅限于池塘，而是通过背景区竹子的栽种一直延伸到地面上。

蓬勃的美丽

多么生动有趣的组合！层层绿叶给这片休闲座椅区搭建了一个效果十足的布景，还有一片阴凉。大根乃拉草本身就喜爱充足的阳光，在适宜的生长条件下（营养物质丰富、富含腐殖质的黏性土壤，越冬保护措施等）能长至 2.5 米高！它的巨型叶片特别适合茂密自然的花园风格，并与高大的群植草类搭配得甚为完美，例如中国芒或是普通的芦苇。这类草本植物生长的形态极为自然，不过它们也因此肆意蔓延，向四周扩展。在栽种芦苇这类植物，或是生长力更为旺盛的竹类植物（尤其是刚竹属）时，您应当采取措施有效地限制它们的生长范围。阻隔根系的设施是一种花费不多、效果不错的方法。较为普遍的是使用 PEHD 塑料薄膜（2 毫米厚度，宽度 70 至 100 厘米）围绕相应植物，离根系中心的距离半径至少一米处，全部埋入土中（大约高出地面 5 厘米，还可以通过设计的手法来“掩盖”）。正确地埋置阻根薄膜是一种一劳永逸的方法，可以免除您日后年复一年铲除肆意生长的竹根之苦。

轮廓的效果

不论是四季常青，还是只有夏日里绿叶茂密的树篱，用于花园空间的围边和造型，都是理想的元素。绿篱和灌木，以及草本植物结合起来，或是作为玫瑰拱门的支撑物，本身不仅仅是一种点缀，同样也是引人注目的一道风景。用来强调这一类设计风格的时候，修剪得造型齐整、轮廓分明的树篱，要比自由生长的绿篱更为适当。这是因为整齐的轮廓能够进一步加强视觉重点。要是您连续布置几段修剪得层次分明的绿篱带，效果会十分有趣。这样可以创造出空间的深度感，以及生动活泼的光影效果。

花球

让大花葱从常青藤茂密的绿叶中探出头来，效果真是一流！常青藤密密的枝叶，同时还给纤长的花茎很好的支撑。要知道，强风吹来，对这美丽纤弱的花球，可是毫无怜香惜玉之情。花球如同斑驳的艳丽色块，在青葱一片、四季常绿的树篱和常青藤中，涂抹出极为特别的色彩效果。绿篱可以同时围住高大的树木，如同一层柔软温暖的地垫，给受到霜冻威胁的树木提供保护。互相协调、富于变化和层次感的绿篱，造型美丽迷人，对于设计也有相当高的要求，花球就在这样的布景之中活泼地翩翩起舞。

让绿篱依愿生长

叶片细小的落叶乔木，或是浓密的针叶树种，特别适合用来设计形态圆润、丰满的绿篱或植物造型。叶片呈椭圆形状的卵叶女贞，也可以栽种在背阴地带，作为分界和强调。要想拥有这样一个端庄大气的绿篱拱门，您首先应该让相应的树篱生长高度稍微超出预计的拱门高度，并且在生长期之内（从三月中旬开始，一直到夏末）就让树篱相互连接生长。六月份进行一次修剪，能刺激小树抽枝发叶。事先设计的拱形支架(木质或是轻型金属质地)可以帮助绿篱拱门朝共同方向生长，融为一体。

完美曲线

对于曲线极为丰富的树篱造型来说，必须在进行轮廓修剪之前首先确定您的视角。或者准确测量，并标记出预期的曲线造型。您可以预估每米距离种植两至三棵植物，并用一根显眼的绳索来做标记。确定树篱的走向，用圆木桩定好固定点，将绳索固定在木桩上，然后挖掘树坑（深度大约 50 厘米）。请您依照必要的间隔，依次将树苗逐棵种下，直到树篱规划的终止位置。随后在坑中填满松散、肥沃的基土，踩踏结实 —— 并浇透水。

小建议

到处都是树叶！

修剪下来的枝叶，落到鹅卵石地面上，令人十分头痛。有两个办法：您可以将落叶抽吸机的抽吸模式调到最低（！）档，或是直接在要修剪的树下近地面处，铺设一张厚厚的地毯（至少一米宽，作业面柔软舒适！），随后将剪下的全部枝叶直接拉走，处理干净。

造型变化

仅仅称之为树篱，未免过于低调，不过，将它当作艺术表现形式也许稍显主观了。此处的圆锥形和球状的设计，堪称已将树篱的造型和空间塑造功能发挥得淋漓尽致，充满了艺术感。生动的造型变化多端，但绝非信手拈来，更不是出自偶然或随心所欲。这片造型绿篱，与起居空间到花园露天空间的过渡区域完美协调。它利用自然的弧线，吸收并重现了露台的轮廓，然后通过球形的弧度，将它继续向外传递。这一曲线造型最终在朝着花园露天空间过渡区域的边缘终止，并非通过反向的弧线，或是生硬的障碍物——而是通过地面上出现的各种形态的造型元素组合，效果十分理想。利用植物将建筑意义上的线条、轮廓和形态引入花园中，是使建筑与植物相结合的重要基石，同时也是每一个私家花园设计时遇到的中心问题。树篱和造型树木为此提供了许多上佳的选择，通过它们，您可以同时影响到达到完美和谐形态的两个必备条件：造型设计与造型保持。

植物围边

正如充满艺术气息的油画和摄影作品，首先是通过画框或者相框，才能充分展示它们的效果一样，零星布置的植物以及种植区域的整体，也必须首先通过预先设计好的轮廓和空间分界，来产生视觉效果。要是您希望分隔或是突出强调一棵独植的树木，或者一小片结构紧凑、自成一体的种植区，那么清晰的线条就十分必要。一方面，高度超过一米的树篱，可以塑造独立的空间；而另一方面，半高的树篱（高度不超过 80 厘米）和低矮的树篱（高度大约 40 厘米），则可以起到分割空间和划分界限的作用，同时并不影响花园整体大局的设计重点。适合作为低矮或是半高的造型修剪绿篱的植物，除了几乎无所不能的锦熟黄杨之外，还有扶芳藤、日本小檗（尤其是色泽泛红的品种，例如“矮紫”）和龟甲冬青。此外，利用诸如金露梅、中欧山松和薰衣草一类的植物，来设计低矮的、自由生长式的绿篱，能为您提供生动有趣的视觉体验。

小建议

突出色彩效果的树篱

- 日本花柏“羽叶花柏”—— 黄色针叶
- 桂樱 —— 早春时开白色花朵
- 火棘 —— 橙黄色果实，极富观赏性
- 新疆忍冬 —— 白色与粉色的花卉树篱
- 欧洲鹅耳枥 —— 秋季色彩变黄

小门与圆拱

红白双色的拱门！一棵“紫叶”欧洲山毛榉，加上色彩反差强烈的白色花园小门，共同构成一道不失功能性的美丽风景。除了勾勒出造型轮廓——和帮助分界之外，树篱的另一个重要作用，就是形成色彩反差。紫叶欧洲山毛榉那深红的叶片，尤其适合与绿色和白色形成饱满强烈的互补色对照。作为心形根系的植物，它那靠近地面的根系，对过于密实、堆积过厚的土层十分敏感。因此，您最好是选用松散，并且足够新鲜湿润的基土，并且注意：只能覆盖一层的薄薄的树皮（不超过 5 厘米）。

鲜明的反差

就在寒冬渐近之时，这片布置得庄重大方的花园，再次将鲜艳强烈的色彩呈现到了极致。不过，不再是通过色泽缤纷的花朵，而是通过秋色浸染的天然布景——还有晨间那一层轻薄柔和的白霜——尤其是在常绿的树木上，霜迹显得更为醒目。秋天叶片的颜色变化，是除了外部形态特征和可能有的观赏性果实之外，栽种独植树木最为重要的因素。秋色使树木的颜色形成强烈的反差，作为季节性特征的标志，给四季花园带来几分生动气息。正因如此，在园中栽种一定数量的常绿植物，是有其优势的。因为四季常青的植物能营造必要的地面和背景基调，从而烘托出夏季植物和秋天色彩纷呈的树木反差强烈的效果。要是您的花园恰好座落在茂密的大自然之中或是树林前面，您可以将这一原则反转使用：不是将背景，而是在花园本身填充一块块常青的绿色区域。树木植株越高大，想让它充分展示效果，您就必须留下越多的空间。另外，还需要考虑落叶的问题。在草地上，密密的常绿树林呈现的效果最为强烈。

秋色缤纷

在这场秋季上演的色彩大戏中，并没有太多树木参演。如画般优美而小巧紧凑的外部形态，也强化了这种特别的空间效果。此处的洋檫木随着树龄增长，肉桂色的树皮上会形成深深的纹理，并且天生拥有千姿百态的叶片。保证绝不枯燥！日本金缕梅和波斯铁木，从生长形态来看十分近似，尤其是秋季鲜明强烈的色彩——都是由浅黄至橙色，直到深红。这三种树木单独种植在稍高处，由盛夏的苍翠渐变至秋日的缤纷，色泽的变幻令人目眩神迷。这种极为生动的变化完全可资利用。因为谁都知道，还会有更美的色彩出现，季节仍未结束。这里的洋擦木，为园中的灌木和观赏性草类提供了色彩亮丽的秋日布景，激发出一种十分特别的效果。与芒草那高高耸立的浅色圆锥花序组合在一起，出演了一场令人心旌摇荡的色彩大戏，在秋日的阳光中尤为夺目。作为芒草的替代选择，蒲苇也能产生类似的效果，值得考虑。

小建议

迷人的秋树

多色

· 北美枫香树

· 波斯铁木

黄色

· 美国皂荚

· 青皮槭

红色

· 茶条槭

· 猩红栎

· 窄叶白蜡

闪耀的秋之霓裳

火炬树那被秋色染得黄澄澄、红艳艳的羽状叶片，与草本植物和植株高大美丽的夏季灌木，尤其是紫泽兰，互相映衬，产生了一种鲜艳明亮、极具爆发力的色彩氛围。火炬树单独布置在突出的位置上，效果犹如茂密花海中的灯塔。除却引人注目的叶片色泽，火炬树如画般美丽的生长形态和冬天里穗状的观赏性果实，也十分令人赏心悦目。适于栽种火炬树的地域范围极广，并且它几乎可以适应所有渗透性良好的土壤类型。尽管普遍认为，这一树种的园艺价值并不算高，您还是可以利用它，特别是在秋冬季节，取得非常美丽的效果。光是它那轻松自然的生长形态，就十分适合种植在风格简洁实用的现代设计花园里，增添鲜明的色彩和勃勃生机。将火炬树栽种在大片草地或是鹅卵石地面上阳光充足的区域，多处小范围群植，可以全然呈现它们鲜明艳丽的色彩。美中不足之处：这一树种拥有非常强大的繁殖蔓延能力。

彩扇

一棵完全合乎理想的独株树木，披上了秋色为它染就的最美的衣裳。背景梳理得层次清晰，更为重要的是，为了达到预期的效果，在这棵树的周围，留出了足够的空间。鸡爪槭的生长姿态，美得如同图画，仅仅这一点就足以令人神为之夺。尽管从生长高度来说，鸡爪槭是槭树类中最为矮小的品种，但是这种小乔木通过它那秋日里如锦的红叶，拥有一种在整个花园中画龙点睛的潜在力量。除去野生品种，鸡爪槭还拥有相当多的种类，能够为您提供足够的选择，进一步提高叶片色泽的丰满鲜艳程度。品种“红枫”在秋日里色泽鲜红、艳丽夺目，而“春艳”则在早春发出嫩叶时，便已经呈现出一种美丽的火红色。即便经过整个夏季，它的叶片会重新变回普通的绿色，这种相当罕见的品种还是能为您在春天伊始，便燃起一朵小小的亮丽烟花。鸡爪槭的所有品种，对于地域条件的要求基本一致：在向阳至半阴环境避风的地段，土壤渗透性良好，最好是富含腐殖质的沙质土的地方，它们能够发展成深受喜爱的树种，上面覆盖一层碎树皮，长势则更佳。

小建议

傲立于秋风中的灌木品种

橙色

· 羊齿叶假升麻

红色

· 蓝雪花

· 华丽老鹳草

黄色

· 多枝升麻

· 博落回

· 假蔵蕤

· “阿伦德斯”乌头

金叶

雨伞草那泛着绿、黄、红三种色调的叶片光彩照人、鲜艳夺目。雨伞草的叶子在初生阶段时，那饱满欲滴的翠绿颜色已经几乎不见踪影。临水照花，刚好可以从另一个角度再来欣赏如此鲜活动人的美妙色彩。栽种这种观叶植物时，一定要保证不让其他东西遮挡住视线。种在树前或者池畔，效果最好。同时，这也符合雨伞草生长的自然形态。大片群植可以强化视觉印象，使它更加光艳四射。

花梯

木制的梯子，非常适合用来摆放盆栽植物。从安全稳固的角度考虑，只需将大些的花盆置于木梯下部，小一点的摆放在稍高处即可。要是您将木梯粉刷成自然基调的颜色，产生的效果极为美丽。即便没有植物，也可以作为一件流动的装饰品来点缀您的花园。梯子上色彩艳丽的蝴蝶花吸引着人们的目光。不过这盆小小的植物，依照它的魅力，可是远远比不上图中那占据着绝对优势、大丛盛放的半边莲了。

破土而出

原则上来说，几乎所有的容器都能用来栽种植物，只要足够稳固、结实，不会因为长期潮湿而受损，并且在底部有出水口。您也可以自己在盆底钻个小洞，或是弄破一点就行了。钻洞的时候尽量注意，免得弄坏而造成不必要的懊恼。陶制和土制的花盆容器，与自然质朴的设计风格最为贴合。要是基本色调搭配合适，它们也能与天然石材融为一体。对于叶片多汁的肉质植物来说，完全能够适应阳光强烈、干燥而贫瘠的土壤环境。

太阳花盘

袒露在阳光下，种在浅浅的花盆中，盆里填满渗透性极佳的基土（鹅卵石）—— 在这样的环境中，多肉质植物长生草那迷人的莲花状叶片长势最佳。市面有售的各个种类、不同品种，以及多种多样的杂交培育品种花色繁多，令人目不暇给，不断鼓励园艺爱好者们去尝试新的组合搭配方式。因为这种植物色彩协调地群植在一处，效果尤为出色。一些非常有意思的品种，例如“紫皇后”的莲座状叶片，绿中泛红，花型紧凑，还有蛛丝卷绢，叶尖覆盖着纤细的丝状细毛，令人联想到蛛网。

充满变化的迷人之处

为了给那深深浅浅的错综变幻的绿色赋予更多生动的感觉，图中的每株植物 —— 都单独栽种在形态各异的花盆里。这些花盆给整个盆栽布局注入了生机。要是您希望栽种的互相类似的植物，在花期过后还能充满活力，并挑动人们的目光，用这种方法效果特别好。对于所有的竹类品种，比方说神农箭竹或是紫竹来说，将每一棵植株单独栽种在相应的盆中，效果较好。随后再与其他种类的竹子或是山茶花搭配在一起，则将成为绝美的盆栽组合。

球状组合

人工培育的高杆乔木，或是修剪成型的小乔木，总是能给人留下很深的印象。图中的露台连着住屋的设计，细节丰富、平衡，充满田园间的浪漫风情，呈现出最令人心驰神往的一面。众多的陶制花盆点缀其间，使露台和大屋的陶土红砖的整体画面显得和谐美丽。通过色彩调和的桌椅家具、门扇和窗页，室内与露天空间达到了完美的和谐。种植生机勃发的黄杨树（含钙质、营养丰富、渗透性良好的土壤；最好是半阴的地段），一般情况下，在园艺中使用最多的是锦熟黄杨，您可以将它修剪成几乎任意一种形状。除了提到的黄杨品种，还有相当多的培育种类，有的更为耐霜冻（“极地”），有的叶片纹理结构更加细腻（圆叶黄杨）。冬青树，无论从纤细的叶片结构，还是生长形态来看，都是黄杨的理想搭档，也因此特别适合培育漂亮的高杆品种。另外特别适于汇入这幅四季常青的图画中的，还有高杆月季和矮株的高杆果木，例如茶藨子等。

当之无愧的月桂

图中充满南欧风情的设计里，吸引着众多目光的，无疑是那株小月桂树弯曲的茎杆。此处设计的重点，毫无疑问，集中在天然石材露台的边缘过渡处。利用充满艺术气息的造型修剪元素，和陶制、石制的小件摆饰，给人以视觉享受。为了避免花园的整体充斥着几何形状和过多的细节，在设计感集中而强烈的前景区域和任由树木自然生长的背景区域之间，大片的草坪营造出视觉上的平衡感。一棵小小的月桂树，尤其是像图中这样的茎杆姿态，堪称一道绝佳风景，代表着地中海设计风格，格调优美。不过，由于原产地的缘故，它对气候和栽种地点的选择要求颇高。它不耐霜冻和寒风。因此，即便种在盆里，周围也必须采取适当的保护措施。月桂树喜好光线充足的阴凉地带，或是完全向阳的地段，午后的半阴对它来说最为适合。选择土壤时，一定要特别注意富含营养物质，以及良好的渗透性。另外，由于月桂树总的来说比较适于修剪，您可以将它修剪成充满想象力的造型，修剪时间，最好是在早春抽枝发叶之前，或是深秋生长期过后。

芬芳的花之浴

您也可以打破那些条条框框。所需的只是充分的创造力，用最为理想的方式，就能够把若干美丽的东西互相组合。铸铁的浴缸当作栽种植物的容器，简直再好不过：空间足够大、结实稳当，放在花园里，本身就十分引人注目。也许您不想在整个浴缸中填满土，因为就算少用一点土，植物也会顺利发芽生长；或是您希望在栽满植物的状态下，还能随意移动这个巨型花盆——因此您可能想要尽量控制它的重量。如果是这样的话，您可以在浴缸的下面一半填充多层木头，或者是几只旧水果木箱。再盖上一层不透水的塑料薄膜，随后就可以在这上面种植物了。由于空间充分，您当然可以选择栽种那些生长旺盛、恣意蔓延的植物。普通尺寸的花盆很难驾驭它们，刚刚种下没多久，就要更换大一号花盆才能充分展示出它们的生长特征。在这里群植一两种植物，效果尤其出色。依次种下品种各异的球茎和块茎植物，比如罗慕花等，您甚至于可以让浴缸中整个季节都开满鲜花，香飘不断。

小建议

高杆苗木的培育

栽培高杆苗木需要：锋利的修枝剪刀，充足的时间与耐心，再加上一棵生长较为缓慢的小叶黄杨树种。起初，您应该不断剪短侧面的枝条，而对纵向的枝条只是稍作修剪，以此来拔高树苗，刺激它向上生长。日后，请您均匀地修剪球状造型所需要的全部枝叶，同时去除其余的所有侧枝。

球之四重奏

超强的四重奏！四只陶制花盆一字排开，好像在拍摄全家福，站在最完美的布景之前展现出它们最漂亮的一面。杜鹃花粉红色的花球是四株锦熟黄杨绝妙的搭配。从生长形态和栽种地点的要求来看，黄杨和扶芳藤堪称理想的伴侣。黄色的品种“金叶扶芳藤”与四季常青的黄杨种在一起，形成了十分有趣的色彩对照。图中这样的高杆苗木，要求您花更多的时间不间断地照管和养护。

圆球三重唱

无论是作为艺术品的布景，还是当作大片地面的铺地植物，或是在住屋的墙面上布置绿意葱茏的植物，常春藤都称得上是美观实用、维护方便简单的多面手。它不需过多园艺上的努力，最喜营养物质丰富的土壤，以及避开阳光直射的地点，能够种植在需要强调大面积绿化的地方，无论是垂直的还是水平的平面。四周围绕着的常春藤，用密密丛丛的叶片为三株锦熟黄杨修剪成的圆球铺就了一张柔软的床，均匀的绿色地面烘托了黄杨浑圆的造型，使球体从环境当中凸显出来。

绿色方块

要是不想再强调鲜艳的花朵、馥郁的香气，或是观赏性的叶片，或者园中的花朵、香气和美叶已经足够多，这时，植物造型雕塑就有了用武之地。利用造型植物，一方面可以突出现有的景观元素，另一方面能够给您的花园里带来全新的体验。此类植物雕塑，多半基于艺术性强烈的至少是富有艺术感觉的造型。在个人创意的推动下，刻意地影响植物的天然生长形态，就能创造出独具一格的设计画面。只有您自己，可以自由地影响造型、节奏和功能。这些绿色的立方体，打破了住屋前的植物茂密生长的天然图画，将内部建筑和外部空间融为一体。

座椅垫

四株造型修剪植物，与花园桌椅家具的风格十分协调。甚至令人以为，它们属于家具中的一部分。它们将一棵独植的树木镶嵌在当中，衬托得分外美丽，毫无疑问地成为郁郁葱葱的绿地中间一道迷人的风景。与草地衔接的过渡线条分明，再次令这块正方形的绿色造型，从周遭环境中凸现出来。为了使这一效果能长时间保持，必须坚持定期修剪，尤其要随时剪除草地和其余绿地上新生长出的部分。通过用地毡来覆盖地面，或是撒上卵石，您可以明显地减轻维护修剪的工作强度。

稳如磐石

难道在这里栽种小小的柑橘树，还算不上创意十足？栽种的花盆放置得稳固无比，更不用提那些惊艳的目光了。自由轻松的树冠形态，与整齐严谨的修剪造型元素，形成了十分美丽的对照。由于对气候条件的要求，在我们所处的纬度，种植柑橘类树种时，只能选择盆栽方式，因为它们很难抵御霜冻和寒风的折磨。在气候最好的葡萄种植区域，您或许能有机会尝试让这类树种在室外越冬。重要的是：适当的浇灌（土壤表面应该保持干爽）和持续的修剪（保持树冠造型）。

小建议

合适的布景

基本原则：如果前景热闹活跃，那么背景能够安静祥和，也就足够了。您可以通过富有活力的曲线修剪造型、纤细的叶片组织（落叶乔木树篱）、植物攀缘生长的（独立）石墙，来营造一个生机勃勃的布景舞台。利用表面光滑、色调统一的地面，和密植的针叶树篱，您可以使整体气氛趋于安宁静谧。

波澜起伏的树篱之海

请您深深地融入这郁郁葱葱的灌木花坛中，跟随着背景的绿色波浪，让自己汇入这片迷人的花园风景。无尽的想象力和巧妙的修剪手法，将错落栽种的造型修剪树篱，变成了一道曲线丰富的风景。并就此产生了空间深度和张力，几乎与前景处美丽的灌木植物势均力敌。抱茎蓼与地榆的花朵在空气中轻舞，自然吸引了无数目光。不过，首先是通过与背景处的造型修剪绿篱互相协调，才使得它们的魅力能够完全释放。前景和背景的共同协调作用，对于花园的整体设计效果来说意义十分重大。要是前景处已经安排了很多造景元素（盛放的花海、独具一格的生长形态等），那么背景选择安静些的大面积设计，就完全足够保证画面的完整与和谐了。四季常青的树木，可以帮助您为整体设计增加一些宁静的气氛。与之相反，树叶色彩变化丰富的落叶乔木，则会使背景本身也成为独立的风景。

墙画

空间有限的情况下，也能种植一棵高大的树。利用棚架造型可以做到这一点。通过房屋正墙和绿地之间互补色的对照，以及这棵树完美匀称的生长形态，产生了一种十分特别的效果。在花园设计中，图形化的平面效果，是一种别具风格的设计手段，能使人们的目光投向整体，尤其是关注那些效果特别的地方——进而饶有兴趣地仔细观察。将一面屋墙作为棚架支持物，有多重优点：除了能提供有力的支撑之外，还具备很高的热反射率。攀爬的果树类的果实会因之更快更好地成熟。

花园的支架

一座花园，会随着四季更迭不断地换上新的植物衣装。在选择植物时，这是最为重要的因素。当春天来临，园中百花开放，人们常常很快就会忘却冬日里的一切。只不过，在冬天这自然休养生息的阶段，您还是应该布置几处赏心悦目的植物景观：冬季的观赏性浆果果实，有着夸张的树皮纹路，或是独特有趣的生长形态。如图中所示，三棵型态独特的柱状欧洲鹅耳枥，在花树凋零的季节，以其纤细美丽的树枝造型支撑着花园的轮廓线。

树冠重重

您的花园因此与众不同。这棵高大的欧洲鹅耳枥，摒弃了一切自然的生长形态，以盆景的造型生长。这种设计手段非常能吸引注意力。显而易见，园艺上如此耗费心力的设计，应该有一个相应规模的舞台来展示。因此，您最好将盆景造型的植物栽种在视线良好的高处。除了欧洲鹅耳枥之外，山毛榉、栓皮槭、卫矛，以及品种繁多的常绿树种，例如刺柏或者中欧山松，都有盆景造型可供选栽——或是自己进行修剪。

枝干的艺术

多种多样的造型，各异其趣。设计者将各种风格的设计手法，以精简的方式融合在一起，打造了一处十分生动有趣的园艺景观：修剪造型、盆栽植物、茂密的灌木丛、房屋墙面的绿化，以及天然生长的植物等等，不一而足。多种修建造型元素作为视线的参照物，构成了背景、形态各异的造型画卷，如同奇峰迭起的微型童话世界。唯一一棵独植的大树在园中傲立，即便不是那亭亭的树冠，也足以吸引众人的目光。只要大树的根系和主干充满生机，就能不断地发枝散叶——令所有的枝条成为绿叶满枝的艺术作品。

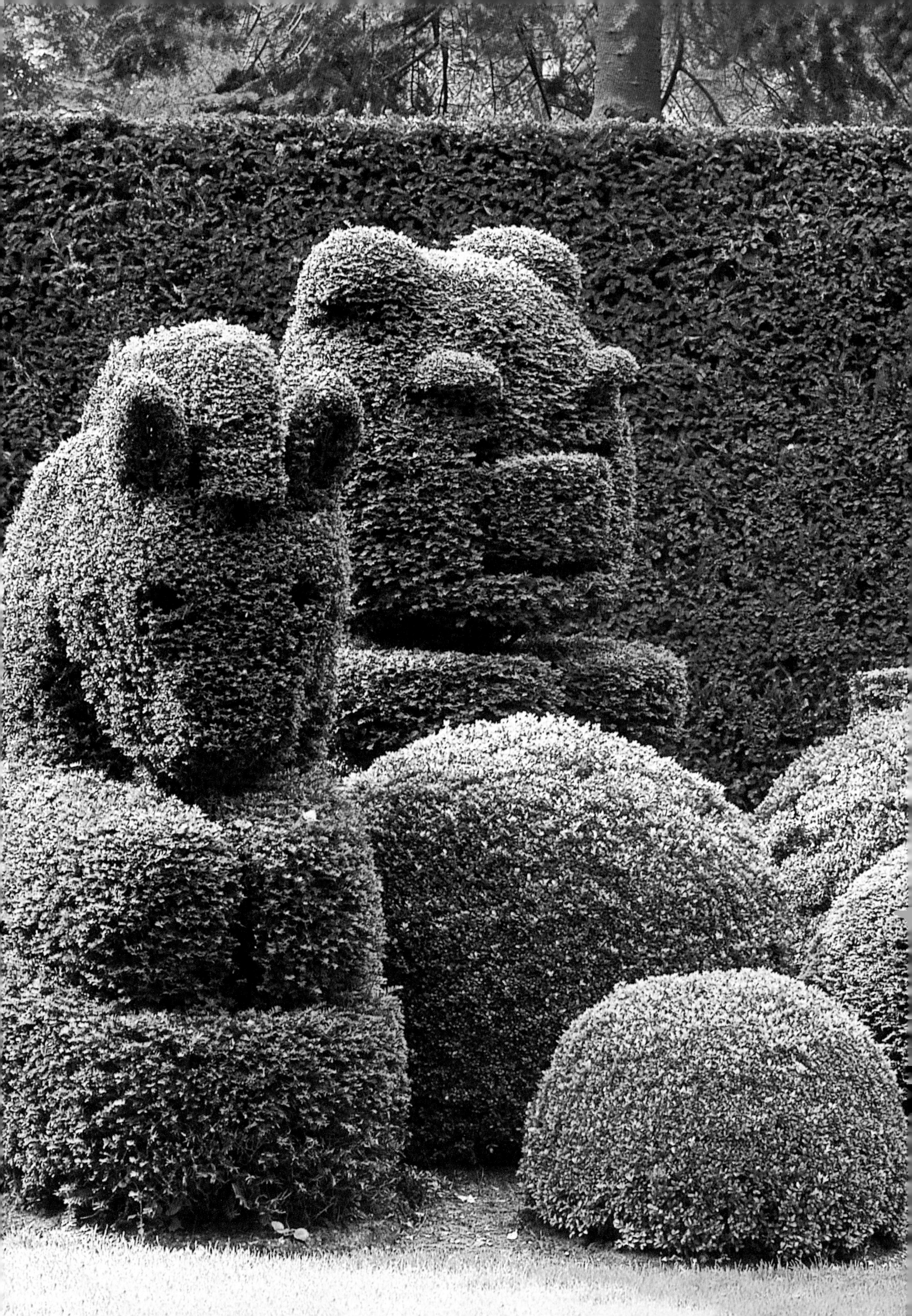

小建议

造型优美的黄杨树

除了锦熟黄杨之外，还有许多十分吸引人的品种，它们造型更美、寿命更长、色泽更加鲜明。“绿宝石”和“小叶”黄杨尤其适合修剪（生长较慢、密集）。而长叶黄杨“福克纳”的特点则是：纤细美丽、色泽嫩绿、抗菌类生物生长。

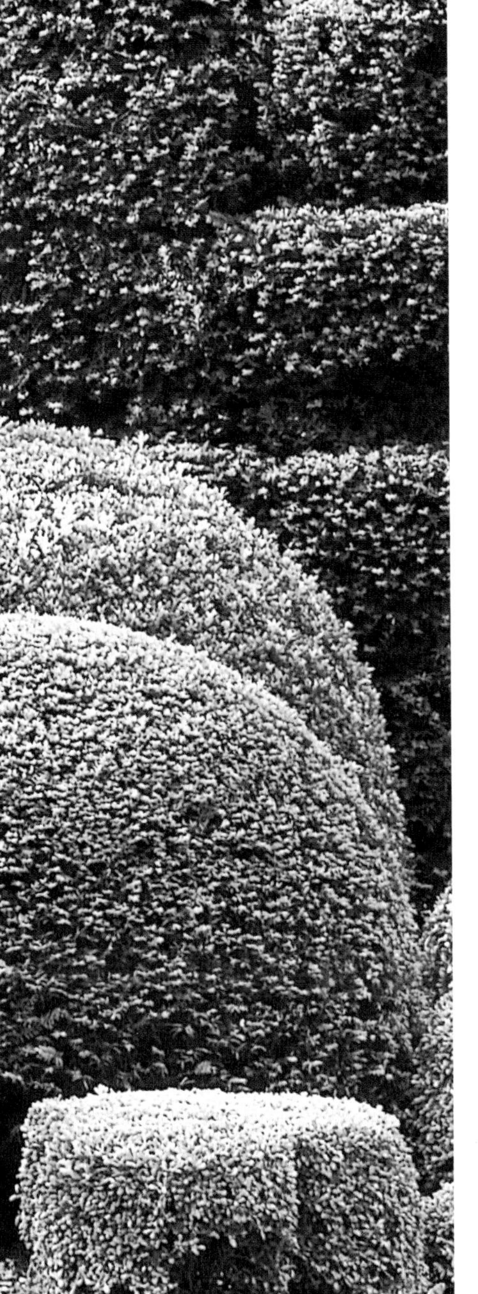

修剪雕塑造型

在整片均一的背景前，姿态各异的修剪造型，显得更为生动形象、栩栩如生。群植的修剪造型元素，尤其在用于塑造整体花园空间时，一般来说，比分散安置的效果更加强烈，意味深长。为了加强单独的空间效果，您可以尝试一下让几个造型互相渗透、融合。这样能从视觉上增大体积，同时也使整体造型更加生动柔和。因为一眼就能分辨的几何形状的修剪造型元素，视觉效果不如逐渐过渡，富有曲线的造型那样生动活泼。除非您一定要通过您的设计来突出强调图形化、整整齐齐、轮廓分明的那一面。要是您希望借助修剪造型植物，来为整个园子注入活力，完全可以采用一些非同寻常的手法：多采用轻松愉快的造型，多布置单个造型植物，多采用彻底混合的方式。与混栽美丽的灌木类植物的设计原则非常近似，整片地面的设计也需要依赖高低错落的层次，以及在展示和表现节奏时事先确定的不同侧重点。

千朵月季

从这样一道月季拱门下走过，坐在长椅上欣赏这浪漫的景致，何等美妙！要想在阳光照耀下的开放地带中间设置一道垂直的风景，月季拱门无疑是绝对高明的选择，并且最好选用藤本月季和灌木月季。因为正确地栽种月季，首要条件就是要选择适当的、与您的目的相符的月季品种。这道繁花似锦的月季拱门，恰恰是通过多株互相缠绕、共生在一处的月季，而拥有了一种特别的明艳和亮丽。您可以采取这样的方式，将不同品种糅合在同一个设计元素当中。

有序的天然状态

其实，花园并非一定最终都要井井有条、轮廓分明。比方说栽种月季，无论是何品种，最美的都是处于一定程度的自然生长状态下。要想在设计时把月季的效果发挥得淋漓尽致，最基本的原则是任它自由地生长；再者，就是将不同品种和生长形态的月季混栽在一处。矮枝月季可以种在高杆月季和藤本月季旁边，融洽地共同成长，要是您想在中间设计井然有序的结构，可以利用小路或是分隔清晰的区域来实现。图中这样的木结构花架，也是一种美观而用途广泛的结构设计元素，无论是用来攀爬或者倚靠，都同样适合。

花之门廊

最美好的花朵，和谐无比的良伴。粉色的灌木月季与古典式建筑，尤其是格调高雅的白色，搭配得天衣无缝。阳光使得那一簇簇粉红的花朵更为闪亮耀眼，让花朵与白墙的色调趋于平衡，显得更加协调。白色门廊为月季花提供了不可或缺的参差对照，还有盛放的舞台。像这样生命力旺盛无比的灌木，需要扎根在深深的肥沃的土壤中（富含氮、磷、钾等元素），它们喜爱阳光充足和空气流通的地段。不时吹来的阵阵轻风非常重要，能迅速吹干潮湿的叶片。

花之网架

锈蚀的铁和带刺的藤本月季，好一对绝配。白色的花朵和铁锈棕色的亭子，让人对此再无怀疑。砖石地面上的落花点点，别具浪漫风情。此处的布局风格与公园有些类似，通过一方面被藤本月季完全密密围绕的空间，另一方面有意袒露在人们视线之内的金属支架，产生了一种不同寻常的张力。亭子的金属网架结构，作为攀缘植物的支架，自然最为理想；同时，由于它那曲线丰富的透视效果，本身也成为一道优雅美丽的风景。

小建议

可供月季攀缘的树种

- 多花海棠
- 西洋梨
- 稠李
- 苦枥木
- 欧洲花楸树
- 金链花
- 鹅掌楸
- 美国黄松
- 欧洲黑松

月季之树

让藤本植物在独株种植的树木上攀缘生长，会产生十分特别的风格特征。藤本月季由于枝条强劲，尤为适合。还有灌木月季，也可以与树冠较为低矮的树种共同生长。这些树木至少可以提供天然的倚靠。种植效果最好的，当然是属于藤本月季的分支：爬藤月季。它的枝条长而柔韧。不过开花并不是特别繁茂。这一有趣的月季品种，能够将整棵树或是攀缘支架密密缠绕起来，因而常常被分派完成较为“高级”的任务。围绕独植的树木栽种攀缘植物时，应该注意不要与树木争夺空气与养分。在选择一棵树供藤本月季攀爬时，要尽可能选择乔木，并且其抽枝发叶的时间最好先于月季。这样一来，多多少少可以避免一点前面提及的竞争状况。较为高大的果树或是山楂树都是很好的选择。

小建议

最美的藤本玫瑰

一次开花的品种

· 白色：博比詹姆斯
· 红色：火焰之舞
· 粉色：保罗诺埃尔
· 黄色：炼金术师

多次开花的品种

· 白色：完美艾尔西 · 克罗恩
· 红色：桑塔纳
· 粉色：新曙光
· 黄色：黄金雨

花之队列

如此轻而易举、简直是梦寐以求地设计这样一条美不胜收的植物隧道，您仅仅需要三样东西：一个预先设定的目的地、足够的攀缘支撑物，还有最重要的：藤本蔷薇。光是那盛开的花朵，就令人神为之夺，如入梦中。温暖的太阳光线，使得这场景更为灿烂。每一道蔷薇拱门之间，必须留下足够的空隙！如此一来，可以避免产生空间沉重感，让蔷薇的所有植物部分之间能有足够的空气流通与光线流动，并且产生光影变幻的生动效果。一条类似这样的隧道，设计得越长，这种交替变化的效果就会越强烈。

混合种植的蔷薇

图中，蜀葵和藤本蔷薇的组合，散发出一股浓浓的田园浪漫风情。蜀葵和“真正的”蔷薇习性类似，喜爱温暖明亮、养分充足的环境，不喜过于干燥。栽种在墙前的效果最佳，因为墙面可以为蜀葵长长的枝条（生长高度可达 1.8 米）提供视觉上的依托，并且与大多数时候呈红色的花朵形成参差的对照。不过，也有的蜀葵品种开白色和黄色的花。您可以直接选择与您的房屋搭配得最为协调的品种。爬藤蔷薇白色的花朵遮住了屋顶一隅，实际上也给屋子里带来一份阴凉。即便它并不属于传统意义上的屋顶绿化植物，攀缘生长还是起到了遮挡阳光的效果。对于蔷薇本身来说，这当然也是益处多多，因为只有在充足的阳光照射下，它的花朵才能真正无忧无虑地绽放。您必须注意的是，让蔷薇的根系始终保持一定的阴凉。图中的矮墙承担了这一任务，同时它作为跳板，帮助蔷薇攀上阳光灿烂的屋顶。屋顶上总是吹着温和的微风，雨后，蔷薇的花叶很快就被吹干——为了预防真菌类侵染，这是最为重要，同时也是纯天然的手段！

优雅的高茎行列

提纲挈领、条分缕析，就意味着成功！一棵棵拔地而起的高杆月季，一方面突破了严谨整齐的风格；另一方面，使得原本排成一行的月季成为这片乡村花园的核心景观。棚架结构的树篱，进一步强化了线条分明（垂直与水平方向）的设计原则。高杆月季是灌木月季中形态最为优美的品种，茎杆高度可达 90 厘米。与其他灌木月季（半高杆、地被月季等）不同的是，培育高杆月季可以选择一些名贵品种。美不胜收的花朵就是您额外的收获！

大片盛开的花朵

成片种植的月季会持续产生特别强烈的效果。无论是矮株月季还是铺地月季，繁密的花朵会带来最美的感受。要想成功地栽种大片植物，您应该注意植物的间距，既不要留下缝隙，也不要让它们过于密集，乃至重叠。矮株月季每平方米种植六到十棵，铺地月季三到五棵，就足够令您收获一幅动人的画卷。您可以尝试在一片面积较大的园地上，栽种同一品种的月季，或是在同一片园地上混合栽种多个品种，每种四到五株群植，由此取得最佳的效果。

依墙而上

藤本月季如同张开双腿的攀登者，利用尖刺和硬棘的帮助，向高处伸展着枝条。因此，您最好在供其攀附的支架上，尽量多设水平方向排列的分隔条（木条），或者是绷紧的细绳。使用格栅花架时，网格宽度应该不小于 50 厘米。距离墙面大约 5 厘米已经足够，不过，在间隙这么小的情况下，您应该让枝条在花架的外侧向上攀缘。完全不靠支架的情况该当如何呢？一面稍稍倾斜的石墙，再加上足够大的空隙，就能解决这个问题了。您甚至于可以利用灌木月季来进行墙面的绿化。

展示空间

图中的画面整体均衡、重点突出。四个均匀分布的造型修剪元素，起到了分隔空间的作用，并给人安静的感觉，给画面中心的盆景以充分展示的空间。它们为高杆月季的根系部分提供了保护，并且使它们伸展出来的枝叶花朵更为显眼。锦熟黄杨那新鲜润泽的绿色，也与繁花密布的背景形成了强烈对照。前景处的井然有序，使得藤本月季自由生长的姿态和它那密集的花朵，给人留下的印象更为深刻。安静的中心，鲜活的背景。您可以用这样的方式来确定重点，并留出足够的空间余地——让它静静地展示自己。

小建议

季节性设施的优势

季节性的视线阻挡设施（植物、布帘等），与固定设施（石墙、木结构墙）相比，拥有许多优势。只在您确实需要的时候，它才会发挥作用：这就是一年一度的户外季节。它搭建的方式比较轻松，如果要拆卸的话，成本也相对较小。

视线之滤网

在这里，您可以无比舒适地闲坐，并在户外起居。两级式的视线保护，既保证了从园中向外望去较为开阔的视野；同时也过滤了陌生人向园内窥探的视线。这些陌生的视线，大多淹没在培育成棚架形状的椴树那窄窄的细缝中。椴树这令人叹为观止的生长形态，当然在种下之后，还需要一定的园艺工作投入。您每年必须进行至少两次养护性的修剪，并且去除不需要的树干，从而使这扇别具一格的视窗保持开放的状态。您可以用较为轻巧的横木条（竹竿、圆木等），或是隔热良好的金属丝，来支持树篱朝水平方向生长。金属丝要包裹上隔热层，这一点相当重要，这样一来，铁丝暴露在直射的阳光下时，就不会很快被晒得过烫，对植物嫩枝的生长产生不必要的影响。这种棚架式的树篱栽种方法，效果十分独特，这是由它图形化的设计思路决定的。这道树篱下半段密不透风，半高处往上则呈现松动的梯级状——阻隔视线的严密程度逐渐降低。如此，便能保持花园与外界的联系，避免在视觉上和空间上造成一道过于密实的屏障。

球形卫士

两株造型独特的树木，集视线保护与重点景观于一身。通过圆球状的造型修剪树木来打破树篱的线条感，效果特别出色。两棵树木的最终生长高度是通过修剪决定的，您可以根据不同的生长高度来扩大或是缩小可见的区域。适合修剪成球形、能严密阻隔视线的高杆形态树种，主要有冬青、欧洲红豆杉和扁柏。在鲜明的轮廓线背后，种植一些生长形态自然活泼的灌木类植物，比如山茱萸、锦带花和白鹃梅，效果尤佳。

圆形场地

图中的荷兰椴树通过金属结构支架互相联结，造型别具一格，令人想起直立的圆柱体。高高的树冠十分引人注目。这样一来，人们的视线可以从椴树下自由穿越——径直投向那些修剪得端庄大方的造型植物。一根根金属杆与笔直的树干交替出现，表现出强烈的韵律感，保证了树木圆柱造型的稳固和持久。水平的角撑强化了金属架结构，支撑并且引导椴树的枝干长成理想的形态。一道低矮的造型树篱，则承担了连接近地面区域的功能。

树的冠冕

绝对吸引眼球——作为阻隔视线的方法倒是有点不同寻常。不过，要想任由视线投入树篱围起的领地，只有通过稍高的角度才可能实现。造型修剪树篱给生长茂密的灌木植物提供了支撑，整齐排列的高杆苗木则成了它们独特的布景。除此之外，它们还撒下点点阴凉，令园中的栽种的植物品种更为丰富。用来塑造花园的完美空间感觉，球形的树冠极为理想，因为这种形状绝对堪称独特——尤其是以这样的方式排列！要想保证阻挡视线的最佳效果，请您等到深秋再进行大的修剪，整个夏季只需保持原有形态即可。

树篱旁的座椅

体态浑圆的植物造型，独株大树，还有一道围边的绿篱，构成了一幅风格统一、协调的图画。要在此处深深地沉醉，完全地拥有花园的享受，唯独少了一处可供闲适地坐下的地方。造型元素，大树投在地面的阴影，都给整个空间以支点——当然还有那道从房屋处平缓而下的绿篱，它的作用远不仅仅是遮挡视线。通过绿化的前墙，整幢建筑与花园在葱茏的绿色中，融为一个和谐的整体。从外向里看，视线被遮挡得十分严密，而花园的内部则设计得十分友好、开放。中间留出的草坪空地，实际上保证了您在任何时候，都能坐在和煦的阳光下。

被呵护的艺术品

要是就这样从远处观察的话，密密实实、线条分明的造型修剪树篱，已经牢牢挡住了人们的目光。这里的布局设计庄重大气，如果只是投以匆匆一瞥，未免可惜。整体的观感体现了少即是多的原则。两棵圆锥造型的常春藤令人印象十分深刻，在横向延伸的花园整体布局中，起到了相应的突出作用。将攀缘的常春藤设计成这种造型，最好是使用木棍或者金属管搭造支架结构。不过，常春藤需要充足的光照，才能由四周成功地向上攀缘。因此您可以不时地转动圆锥体，以便植物得到均匀的光照。作为一个小小的视觉重心转移点，图中那张造型朴拙的花园座椅完成了一个相当重要的任务。它轻轻突破了方方正正、一板一眼的线条，并且让整个布局变得具有“实用性”。恰恰是对于风格强烈的雕塑和露天艺术展示来说，较为安静的背景，以及无人打扰的观察和欣赏环境十分重要。在这种情况下，您应该注意，布局时不要在光线昏暗的阴影处设置座椅，这样会导致风雨剥蚀，无法给人愿意亲近的感觉。您可以将视线集中引向艺术品。这一定会给整体布局带来生动的气氛。

小建议

精益求精的布置

美丽的东西，必须要用最恰当的方式展示出来！无论是将重点突出的部分抬高，还是使视线轴延伸，并汇聚于此，都是很好的办法。在艺术品之类的物件周围适当地“留白”非常重要，这样能更好地衬托出想要达到的效果（利用静谧的水池、卵石地面等）。光线的利用（射灯或是背灯照明）通常是最后的点睛之笔。

巨型的迷你效果

对视线的引导、带领、分隔、打断和连接，作为阻挡外来视线的元素，一般都能从各个不同的层面，同时满足多种功能和需要。一方面是清晰的分界线，另一方面是整个视觉的焦点，低低悬在天空的斜阳，更是给这里的浪漫景色增添了几分艺术感。修剪得短短的草坪，刚好给中间碧绿的长方形充当了展示平台；长方形的中央亭亭矗立着一棵小小的树，如同理想中美丽的艺术作品。这株娇小妩媚的盆景小树，并未湮没在巨大的布景之中，或是给人小得不成比例的感觉。从不同的角度观察，长成拱门形状的爬藤月季看起来像是一幅巨大的画框将它框在中间。

金急雨

就让黄金般的色彩如雨洒落！“沃氏”多花金链花能让这样的场景成为现实。它那耀眼的明黄色葡萄状花序串串垂落，成为花园中一道迷人的风景。金链花树高可至 7 米左右，也非常适合作为独植的树种，栽种在面积较小的花园里。与其他花事繁茂的树木搭配种植，它能够在五月间至六月初，为您的整个花园披上金色的花之霓裳。夏季常绿的各种杜鹃花，由于花期恰好相近，正好作为金链花树下或是背景的理想植物。

树下小畦

无论是作为园中独植的树木，还是庭院里的主要树种，果树都是非常理想的选择。一般来说，果树的生长形态紧凑美观，春日里繁花似锦、引人注目，当然还有甜美可口的果实，作为花园给人整年的劳作带来的回报。几乎所有的果树都依赖昆虫授粉。要是能在附近栽种些能引来授粉昆虫（蜜蜂）的植物，就更为理想了。在树下栽种艾菊叶法色草或者矢车菊，并用柳篱围住，正是独有的设计思路与实用性的最佳结合。

花之佳节

樱属树木，尤其是日本樱花，因着那纷繁艳丽的花事，当之无愧地成为花园里独一无二的首选树种。樱花树作为住家前庭的主要树木，同样也能给人留下很好的观感。观赏类樱花（非果实类！）的品种繁多，栽种时，您可以从不同的生长形态、树高以及花朵颜色（从白色到粉红色）出发，进行选择。呈伞状的树冠形态，尤其适合略微抬高的地段。绝妙的色泽组合：将郁金香和水仙栽种在樱花树下。

椴树花园

椴树无疑是十分特别的树种，乡间的椴树，村落中那棵最古老巨大的椴树，甚至于渗透出神的气息，在历史的长河中，它一直占据着不可动摇的地位。椴树作为极具魅力的蜜源植物，一直受到养蜂人的推崇。在花园设计时，它主要被当作重要的独植树木，人们十分喜爱它那浓密的绿荫。有许多著名的园林设计，都要归功于椴树庄重大方的巨大树型，以及它的超长树龄（成活至一千年）。在图中这乡村风情浓郁的园子里，椴树不仅是视觉的中心和焦点，而且与围绕着树干的那圈新绿（椴树幼苗绿篱）结合在一起，外观极具特色。

小建议

酸性使花朵偏蓝色

绣球花的颜色（由粉红到深蓝），取决于土壤的酸碱值。铝离子的含量升高，会产生蓝色的花朵。为了吸收更多的铝离子，土壤必须呈酸性（pH 值 4.5 左右）。为此，您可以在开花期间每周施用一次硫酸铝溶液（大约每升水中溶解 3 克左右的硫酸铝）。

美景美食

大朵大朵开放的花儿，在一片空旷的草地前面，显得更加艳丽夺目。大丛的绣球花依着一棵老苹果树，双双成了居屋和花园之间一道富于装饰感的屏障。对于蔓生强劲、花朵怒放、耐半阴的野生藤本月季来说，这株苹果树同时也是最合适不过的攀缘支架。这种野生月季同样适合作为伏地植物。高大而树龄较长的果树，能给您的花园空间一个总体结构，开花时，可以吸引有益的昆虫前来授粉，还可以收获果实。适当而正确的修剪可以提高产量——并让果实更加美味可口！

花树！

如此繁花似锦迷人眼，在绿叶抽出新芽之前开放的，也只有东瀛四照花！春时，四照花早早盛放（四月起），季节伊始之际，在早春的花园里几乎独占鳌头，在杜鹃花，尤其是此处栽种的较为稀有的品种——黄杜鹃的衬托之下，成为园中一株傲立群芳的花树。四照花树姿态曼妙如画，作为独植的树木十分美丽。在日照充足的背风地带，肥沃而透水透气性好的土壤中，生长最为茂盛。种植木兰花树请一定在开春霜冻季节过去之后，因为它的幼苗对于早春霜冻十分敏感。另外要注意的是，切勿无故将根系区域（大致与树冠直径相当的一片区域）的土壤压得过实，尤其是在翻土或者护理草坪的时候，千万要避免伤害它的根系。二乔木兰的生长姿态极其紧凑，却能绽放最为美丽耀眼的花朵。不过，开花极美的，还有紫玉兰，但它的花朵几乎与叶片同时绽出，这在不同品种的玉兰树中，是相当罕见的。另一个较为稀少的品种则是天女木兰，它的花期在夏季！玉兰树给您带来美丽的花事，还有一缕异国风情，它与天然石材和具有沧桑感的历史建筑交相辉映，会呈现出一种奇妙的魅力。

1 春之轻盈

春天，跟随着整齐排列的水仙花带，还有修剪成各种造型的锦熟黄杨，一起进驻了这个花园。黄杨的造型让人想起天平两端的砝码。草地的开阔、洒满的阳光、浅色的花朵，这一切都使原本线条感十足的设计充满了愉悦感，变得轻盈起来。

2 螺旋状椎体

锦熟黄杨几乎能够完成任何任务。您应该在黄杨树植株尚幼的阶段，就将幼苗缠绕在固定的牵引物上，这样的话，树苗一来可以有目的地径直向上生长，二来拥有一个固定的轴杆。通过巧妙的园艺手法，最终出现了图中这样的螺旋造型。

3 可爱的动物造型

什么树种能够被修剪成几乎任意一种形状？黄杨可以，红豆杉可以，扁柏也可以。这种深受人们喜爱的针叶树种极其耐修剪，对生长地点的环境要求不苛刻，您可以随心地用它来设计各种造型。冬季的时候切勿忘记浇灌！

4 丰润的曲线

造型修剪树篱堪称最为理想的设计元素，用来实现图中这种曲线丰富、引人注目的设计造型。树篱种植得越密，设定的轮廓就能越发鲜明突出。齿叶冬青、欧洲红豆杉和欧洲女贞都是用来实现曲线造型的好树材！

5 雄狮鬣毛

与石质的狮子雕像不同，此处这尊四条腿的兽中之王鬣毛柔和，只是稍显凌乱。这尊造型塑像既满足了分界的功能，又吸引着人们的目光，给人以极大的视觉冲击。为了避免出现光秃的部位（光照或者水分不足引起）而影响美观，您应该经常给它疏剪，进行整枝，并注意全年充分浇灌。

6 守门人

为了保证能够一览全貌，同时塑造清晰的重点，您的确有必要及时操起园艺剪刀。此处的视线，被直接引向那两株修剪成片状，向上堆叠起来的针叶树，进而通往整个花园区域的轴心：木门。修剪的时候，应该先修整好造型，然后再将片状枝叶从中间脱除。

1

2

3

4

5

6

附 录

Nik Barlo: 6 unten rechts, 236-237, Design: Monika Geißler, D, Garten: Laufkötter, D; 21, Design: Hans-Friedrich Werner, D, Garten: Werner, D; 26, 51, 214, 298 oben, Design: Christhard Ehrig, D, Garten: Reum-Prade, D; 32, 193 unten, Design: Thomas Damke, D, Garten: Damke, D; 39, Design: Bärbel Stender, D, Garten: Klemme-Hüttemann, D; 42-43, 219 unten, Design: Drs. Gätjen, D, Garten: Gätjen, D; 53 oben, 147, Design: Sebastian Jensen, D, Privat, D; 53 unten, 189, Design: Japan Gardens Design, D, Garten: Meyer, D; 76, 146, Design: Claudia Schaaf, D, Garten: Beran, D; 79, 348 rechts, Design: Jolanda Englbrecht, D, Garten: Englbrecht, D; 80, 89 links, 349 links, Garten: Bertram, D; 83, De¬sign: Christhard Ehrig, D, Garten: Sänger, D; 101 unten, 268, Design: Birgit Hammerich, D, Garten: Antrecht, D; 105, Design: Frank Diederich, D, Garten: Strate, D; 107, Design: Birgit Hammerich, D, Garten: Privat, D; 116-117, Design: Boese-Vetter, D, Garten: Berlipp, D; 134 unten, Design: Ula Siegers, D, Garten: Siegers, D; 148-149, Design: Kortemeier & Brokmann, D , Garten: Wannenmacher, D; 154, 176, Design: Zypries, D, Garten: Zypries, D; 158 rechts, Design: Thomas Damke, D , Garten: Vehlis, D; 165, Design: Jörg Jessacher, D, Garten: Brost, D; 172, Design: Bärbel Stender, D, Garten: Benkmann, D; 177, Design: LichtDesign Kunstlicht Kassel, D, Garten: Zypries, D; 179 oben, Design: Frank Diederich, D, Garten: Schumacher, D; 182, Design: Claudia Schaaf, D, Garten: Dannheim, D; 184, Design: Christoph Göttke-Krogmann, D, Garten: Nordlohne, D; 187 rechts, Design: Gisela Keil, D, Garten: Keil, D; 190, Design: Bärbel Stender, D, Garten: Stender, D; 191, 235, 349 rechts, Design: Christoph Göttke-Krogmann, D, Garten: Köhnken, D; 198, Design: Chri¬stoph Göttke-Krogmann, D, Garten: Göttke-Krogmann, D; 199, Design: Bärbel Stender, D, Garten: Privat, D; 205, Design: Bärbel Stender, D, Garten: Wesemeier, D; 217, Garten: Privat, D; 219 mitte, Design: Pristin, D, Garten: Pristin, D; 222-223, Design: Siebert, D, Garten: Tenberg, D; 233 rechts, Design: Krebs, D, Garten: Krebs, D; 244, De¬sign: Dorothea Haag, D, Garten: Kothy-Minde, D; 247, Design: Jörg Jessacher, D, Garten: Brost, D; 248, Design: Uwe Isterling, D, Garten: Privat, D; 261, Design: Christhard Ehrig, D, Garten: Reum-Prade, D; 298 unten, 299 links oben, Design: Herwig Thol, D, Garten: Privat, D; 334, Design: Frank Diederich, D, Garten: Nedden, D;

Jürgen Becker: 2-3, Garten: De Keukenhof, Lisse, NL; 13, Design/Garten: De Tintelhof, NL; 18, 113 links Design/Garten: Winkler, D; 20, Gartendesign: Helgard und Volker Püschel, D, Garten: Erlemann, D; 24, Garten: Barbara Weisser, D; 27, Gartendesign: Grünplanung, D, Suhrborg, D; 29, Gartendesign: Architekturbüro Landschaft + Garten, Solingen, D, Gar¬ten: Gilles, D; 30, Design/Garten: Lucenz/Bender, D; 38, Gartendesign: Irene Küchler, NL, Garten: Cleen Lelie, NL; 40, Gartendesign: Trijn Siegersma, NL, Garten: Trijn Siegersma, NL; 41, Design/Garten: Pineman, NL; 44, Garten: Roelofs, NL; 45, Gartendesign: Konrad Wittich, D, Garten: Suhrborg, D; 52 unten, Gartendesign: Janny und Frits Duijnhouwer, NL, Garten: Duijnhouwer, NL; 62, Design/Garten: Adriaanse-Quint, NL; 63, 252 unten, Design/Garten: De Hagenhof, NL; 64 oben, 78, 274 oben, 373 unten, Design/Garten: Avantgarden, B; 64 unten, 109, Design/Garten: Oudolf, NL; 65 unten, Design/Garten: Vriesen, NL; 66, 145 oben, 296, Garten: Keukenhof, NL; 67, Garten: De Heeren van Bronckhorst, NL; 70, Gartendesign: Ann de Witte, B, Garten: Hoke Roker, B; 71, 94, 95, 161, Design/Garten: De Wiersse, NL; 72, Design/Garten: De Rhulenhof, NL; 81, Design/Garten: Ghyczy, NL; 84-85, Design/Garten: De Heeren van Bronkhorst, NL, Skulptur: Casper ter Heerdt; 87, Design/Garten: Privatgarten, D; 88 rechts, Design/Garten: Hof ter Wyden, B; 89 rechts, Design/Garten: Voute, NL; 90, 286-287, Design/Garten: Deferme, B; 92-93, 218 unten, 311 unten, 369 oben, Design/Garten: T`Hof Overwellingen NL; 96, 346, 377 links, Design/Garten: Japangarten Bayer Leverkusen, D; 97, 227, Design/Garten: Nes¬chkes, D; 100 oben, Design/Garten: Botvliet, NL; 100 unten, Gartendesign: Jan Opstal, Jo Willems, NL, Garten: De Heerenhof, NL; 101 oben, Gartendesign: Arend Jan van der Horst, B, Garten: Bader/Hemskerk, NL; 102, Gartendesign: Arend Jan van der Horst, B, Garten: Anneke und Job Meinhardt, B; 104, 252 oben, Design/Garten: Lucenz-Bender, D; 110-111, 135 rechts unten, 163 unten, 282 oben, 283 unten, 285, Design/Garten: Barnsley House GB; 112 links, 225, 243 oben, Design/Garten: De Heerenhof NL; 112 rechts, 299 links unten, Design/Garten: Hechelmann, D; 113 rechts, Design/Garten: Steinhauer, D; 115, Gartendesign: Inez und Franz Arnolds, NL, Garten: Arnoldshof, NL; 118, Desi8gn/Garten: Dingemans, NL; 119, Design/Garten: Lauxterman, NL; 121, 144 unten, 372 oben, Design/Garten: Meyhof, NL; 122-123, Garten: Erikas Kijktuinen, NL; 124, Gartendesign: Bart und Cootje Schoenmaker, NL, Garten: Schoenmaker, NL; 125, Design/Garten: Nina Balthau, B; 126 links, 226, Design/Garten: In Goede Aarde, NL; 126 rechts, 245, Design/Garten: Cleen Lelie, NL; 127 links, 280, Design/Garten: Greve, NL; 131, Design/Garten: Familie van den Branden, NL; 133, 239, Design/Garten: Joke Cijsow, NL; 134 oben, Design/Garten: Duynhower, NL; 135 links oben, Design/Garten: Die Gartengalerie Walzbachtal, D; 138-139, Design: Stijn Cornilly, Garten: Damme, B; 141: Gartendesign: Trijn Siegersma, NL, Garten: Siegersma, NL; 142-143, Design/Garten: Buga Düsseldorf, D; 144 oben, Design/Garten: Van Steeg, NL, Gartendesign: Oudolf, NL; 145 unten, Garten¬design: Evi Meier, D, Garten Evi Meier, D; 150, Gartendesign: Konrad Wittich, D, Garten: Suhrborg, D; 151, Garten: Konrad Wittich, D; 152 oben, Gartendesign: Ghyczy, NL; Garten: Ghyczy, NL; 153 unten, Design/Garten: Gerlach, D; 162 oben, 187 links Design/Garten: Rösner-Papenfuß, D; 162 unten, 206 unten, 260, Garten: Kasteel Wijlre, NL; 178 unten, Design/Garten: A. J. van der Horst, NL; 183, 299 rechts oben, 328 oben, Design/Garten: Püschel, D; 185, Gartendesign:

Els de Boer, NL, Garten: Els de Boer, NL; 186 links, Garten/Design: Pairon, B; 186 rechts, Design/Garten: Clopterop, B; 192 unten, Garten/ Design: Blume-Zander, D; 196, Gartendesign: Doris Schlaback-Becker, D; Garten: Becker, D; 200-201, 312, 360-361, Design/Garten: Van Glabbeek, B; 218 oben, Gartendesign: Charlotte und Jacob Zwaan, NL, Garten: ' t Hof Overwellingen, NL; 219 oben, Garten/ Design: Chyverton, GB; 228 unten, Gartendesign: Riet Brinkhof, Joop van den Berk, NL, Garten: De Brinkhof, NL; 229 oben, Design/Garten: Stuurman, NL; 230, 249, Garten : Krug, Designlager, D; 231, Design/ Garten: Die Gartengalerie, Walzbachtal D; 232 links, Design/Garten: Arnoldshof, NL; 232 rechts, 297, Design: Exterior, B; 233 links, Design: Filip van Damme, B; 234, Garten: Fritz Döpper, Design: Peter Berg, D; 238, Garten: Peter Janke, D; 242 oben, Gartendesign: Ann de Witte, B, Garten: Hoge Roker, B; 242 unten, Design/Garten: Westerhuis, NL; 243 unten, Gartendesign: Friedrich Hechelmann, D, Garten: Friedrich Hechelmann, D; 246, Garten: Familie Krebs, Design: Volker Püschel, D; 253 unten, Gartendesign: Inez und Franz Arnolds, NL, Garten: Arnoldshof, NL; 254-255, 310 unten, Design/Garten: Pine Lodge, GB; 257, Design/Garten: Lavooij, NL; 275 oben, Design/Garten: Helgard und Volker Püschel, D; 276, 277, 283 oben, 320, Design/Garten: Huis Bingerden, NL; 278-279, Design/Garten: De Blomenhof, NL; 281, 379, Design/Gar¬ten: Schlosspark Benrath, D; 282 unten, Design/Garen: De Kooning, Gärtnerei, NL; 284, Gartendesign: A. J. van der Horst, NL, Garten: Meinhardt, B; 288 oben, Design/Garten: Landesgartenschau Gelsenkirchen, D; 289 oben, Design/Garten: Arends Staudengärt¬nerei, D; 293, Design: Manuel Sauer, D; 302-303, Gartendesign: Charlotte und Jacob Zwaan, NL; Garten: 't Hof Overwellingen, NL; 305, Gartendesign: Vita Sackville-West, GB; Garten: Sissinghurst, GB; 306 oben, Design/Garten: Hans, D; 307 oben, Design/Garten: Schloss Dyck, D; 308-309, Gartendesign: Ann de Witte, B, Garten: Hoge Roker, B; 315, Design/Garten: Veldkamp, NL; 318 links, Garten: Botanischer Garten, Universität Düs¬seldorf, D; 318 rechts, Dessign/Garten: Arends Staudengärtnerei, D; 319 links, Design/Garten: Orel, Christine, Aurachtal D; 322-323, Gartendesign: Madeleine van Bennekom, NL, Garten: De Kempenhof, NL; 324, Design/Garten: Orel, Christine, Aurachtal, D; 325, Design/Garten: De Heerenhof, NL; 326, Design/ Garten: Glaser, D; 328 unten, 329 unten, 332, 333, 342, Design/Garten: Grugapark Essen, D; 329 oben, Gartendesign: Piet Oudolf, NL, Garten: Anja und Piet Oudolf, NL; 336 unten, Gartendesign: Erik de Waele, B; Garten: De Sy, De Smet, B; 337 oben, 341, Design/Garten: Haye, NL; 343, Gartendesign: Piet Oudolf, NL; 344-345, Gartendesign: Oudolf, NL, Garten: Van Steeg, NL; 347, Design/Garten: Ewert den Hartog, NL; 350, 351, Gartendesign: Petra Neschkes, D, Garten: Petra Neschkes, D; 353, Design/Garten: Müller, D; 354 oben, Gartendesign: Arend Jan van der Horst, B; Garten: Anneke und Job Meinhardt, B; 355 unten, Design/ Garten: Gamberaia, IT; 356-357, Gartendesign: Piet Oudolf, NL; Garten: Anja und Piet Oudolf, NL; 359 unten, Gartendesign: Avantgarden, B, Garten: Luk Logist, B; 362 links, Design/Garten: Berges, D; 362 rechts, Design/Garten: Westfalenpark Dortmund, D; 363 links, Design/Garten: Roos, NL; 363 rechts, Gartendesign: Oudolf, NL, Garten: Van Steeg, NL; 364-365, Garten¬design: Ann de Witte, B, Garten: Hoge Roker, B; 366, Design/Garten: L`Hay les Roses, F; 367, Gartendesign: Riet Brinkhof, Joop van den Berk, NL, Garten: De Brinkhof, NL; 368 unten, Design/ Garten: Parc Canon de Mezidon, F; 369 unten, Gartendesign: Ireen Schmid, NL, Garten: Ireen Schmid, NL; 372 unten, Gartendesign: Jan Opstal, Jo Willems, NL, Garten: De Heerenhof, NL; 375, Garten: Frank Linschoten, Pieter Baak, NL; 377 rechts, Gartendesign: Lisa und Joachim Winkler, D, Garten: Lisa und Joachim Winkler, D; 380 oben, Design/Garten: De Heeren van Bronkhorst, NL; 381 oben, Design/ Garten: Mien Ruys, NL; 381 unten; Design/Garten: Roosmalen, B;

Modeste Herwig: 6 oben links, 173, Gartendesign: Erik de Maeijer, Jane Hudson, GB, Chelsea Flower Show, GB; 10-11, 108, Gartendesign: Christopher Bradley Hole, GB, Chelsea Flower Show, GB; 25, Gartendesign: Henk Weijers, NL, Garten: Weerman, NL; 53 Mitte, Garten: Keukenhof, NL; 56-57, 59, Gartendesign: Modeste Herwig, NL, Garten: Modeste Herwig, NL; 73, Garten: Jenkyn Place, GB; 74-75, 159 Gartendesign: Andy Sturgeon, GB, Chelsea Flower Show, GB; 77, Gartendesign: George Carter, GB, Chelsea Flower Show, GB; 82, Gartendesign: Jacqueline van der Kloet, NL, Garten: Keukenhof, NL; 103, Gartendesign: Catriona Andrews, GB, Hampton Court, GB; 106, Garten: Packwood House, GB; 114, Gartendesign: Arend Jan van der Horst, B, Garten: van de Meer, NL; 120, Gartendesign: Simon Scott, GB, Chelsea Flower Show, GB; 135 rechts oben, Garten: RHS Garden Wisley, GB; 135 links unten, 259, Gartendesign: Meneer Vermeer Tuinen, NL, Garten: Ruud Vermeer, NL; 153 oben, Gartendesign: Dick Beijer, NL, Garten: Janssen, NL; 155, Gartendesign: Arend Jan van der Horst, B, Garten: Familie de Groot, NL; 159 links, Gartendesign: Mark Gregory, GB, Chelsea Flower Show, GB; 160, Gartendesign: Amanda Delaney, GB, Hampton Court Palace Flower Show, GB; 164, Garten: Idencroft, GB; 167, 299 rechts unten, 316, Chelsea Flower Show, GB; 168-169, Gartendesign: Natalie Charles, GB, Chelsea Flower Show, GB; 174, Gartendesign: Paul Martin, GB, Chelsea Flower Show, GB; 197, Gartendesign: Paul Dyer, GB, Hampton Court Palace Flower Show, GB; 210, Gartendesign: David Domoney, GB, Hampton Court Palace Flower Show, GB; 213 unten, Gartendesign: Jim Fogarty, GB, Chelsea Flower Show, GB; 240-241, Gartendesign: Dan Pearson, GB, Chelsea Flower Show, GB; 266, Gartendesign: Andrew Duff, GB, Chel¬sea Flower Show, GB; 267, Gartendesign: Liz Robinson & Phil Kaye, GB, Chelsea Flower Show, GB; 270-271, Gartendesign: P. Clarke, P. Wynniatt, GB, Chelsea Flower Show, GB; 273, Gartendesign: Piet Oudolf, NL; 292, Gartendesign: Hartley Botanic Ltd., GB, Chelsea Flower Show, GB; 317, Garten: Waterperry Garden, GB; 321, Gartendesign: Piet Oudolf, NL; Arne Maynard, GB, Chelsea Flower Show, GB; 331, Gartendesign: Loek Hoek, NL, Garten: Nelis, NL; 335, Gartendesign: André van Wassenhove, NL, Garten: D' Hoore, B;

Rob Herwig: 6 unten links, 158 links, Gartendesign: Goedegebuure, NL, Garten: Haart¬sen, NL;

Volker Michael: 6 oben rechts, 88 links, Design: Philippe Bas, Garten: „De Hortus ", Philippe Bas, Hasselt, B; 14, 16-17, 310 oben, 337 unten, 381 mitte, Design: Ineke Greve, Garten: Huys de Dohm ", Ineke Greve, Heerlen, NL; 15, Design: De Heerenhof ", Jo Willems &Jan van Opstal, Maastricht, NL, Garten: Elfriede & Peter Cremer,Grefrath, D; 19, Garten: De Wiedenhof", Leo & Suzanne Laureys-Wynter, Vrasene, B; 22, Design: Chris Ghyselen, Oedelem, B, Garten: Privatgarten, Brugge, B; 23, Garten: „Kragenhof "Iris & Patrik Dryepondt, Westkapelle, B; 28, Garten: Joke Kuiperij & Karel Huyts, Koekange, NL; 31, 206 oben, Garten: „Orshof ", Van Orshoven, Neerglabbeek, B; 33, 211, 376 rechts, Garten: „De Carishof ", Hans de Vree, Henk Govers & Matthijs Smits, Klimmen, NL; 34-35, 207 oben, Garten: „Romantische Tuin ", Nel & Theo Verheggen, Lottum, NL; 36, 91, Design: Dina Deferme, Stokrooie, B, Garten: Anne-Marie & Jos Horemans, Berbroek, B; 37, Design: Willem Burssens, Lovendegem, B, Garten: Privat garten, Kortrijk, B; 46, 47, 338-339, Design: Kees Jacobse, Garten: „Juust Wa 'k Wou ", Kees Jacobse, Schoondijke, NL; 48-49, Design: Roger Vermeiren, Garten: „De Groene Gedachte ", Roger & Edith Vermeiren-Moerman Zingem-Ouwegem, B; 50, Design: Willy Reynders, Beringen, B, Garten: Privatgarten, Heusden-Zolder, B; 52 oben, Garten: Fernand & Viviane Cluyssen-Poelmans, Houthalen, B; 52 mitte, Garten: Nynke Atsma, Luttenberg, NL; 60, Design: Piet Oudolf, Hummelo, NL, Garten: Ankje & Folkert de Vries-Bootsma,Lemmer, NL; 61, Design: Robert Vermeiren, Garten: „De Groene Gedachte ", Roger & Edith Vermeiren-Moerman, Zingem-Ouwegem, B; 65 oben, 179 unten, Design: Dina Deferme, Stokrooie, B, Garten: Elie & Dianne Indeherberg, Zolder, B; 68-69, Design: Greet Dellaert, Garten: Greet Dellaert, Cadzand, NL; 86, Garten: „Tuin van Vic en Anne ", Anne & Vic Janssen-Meyers, Diepenbeek, B; 98, Garten: „t Verzonken Gazon ", Ronny & Els De Ketele-De Waele, Kruishoutem, B; 99, 355 oben, Garten: Nettie & Piet Kokke,Groede, NL; 127 rechts, Garten: „De Bojem ", Annie Meuwissen, Diepenbeek, B; 128-129, 378, Garten: Gisèle & Daniel De Spae-Van Dichel, Evergem, B; 130, Design: Verona Michael, Garten: Verona Michael, Baesweiler, D; 132, Garten: „Lotjeshaof ", Riet & Lowie Delissen, Neer, NL; 152 unten, Design: Marleen Deriemaeker, Garten: „Marocade ", Marleen & Romain Callens-Deriemaeker, Marialoop, B; 156-157, Garten: Brigitta & Josef Schmits, Raeren-Hauset, B; 163 oben, Garten: „Molderhof ", Louis & Celine Vervliet-Van Dyck,Ranst-Broechem, B; 166, Garten: „' t Goede Gevoel ", Griet Mertens, Westerlo-Oevel, B; 170, 192 oben, Design: Piet Oudolf, Hummelo, NL, Garten: „Tuin aan het Weeltje "José Karsten and Jan Laan, Zwaagdijk, NL; 171, 340, Design: Monique Coemans, Garten: „Dautenhof ", Monique & Guido Vanbergen-Coemans, Diepenbeek, B; 175, 202, Design: Marc Van Kerckhoven, Garten: „Nymphaea ", Marc Van Kerckhoven, Duffel, B; 178 oben, Garten: Geke Rook, Sint Jansklooster, NL; 180-181, Garten: Jeanny & Fons Smeets Lanaken-Gellik, B; 188,218 mitte, 374, Garten: Sini & Benno Huve, Enschede, NL; 193 oben, Garten: „Wielewaal ", Mieke & Werner Coudyzer, Jabbeke, B; 194-195, 265, Garten: Helga & Franz-Josef Weber, Weilerswist, D; 204, Garten: „Grakes Heredij ", Valentin Wijnen, Hoeselt, B; 207 unten, Garten: „Keukenhof ", Lisse, NL; 208-209, Garten: „D 'Oude Linde ", Herman Devreker, Diksmuide, B; 212 oben, Design: Katie Lucas, Garten: „Stone House Garden ",Katie Lucas, Wyck, Rissington, GB; 212 unten, Design: Elly Kloosterboer, Garten: „De Goldhoorn Gardens ", Elly Kloosterboer-Blok, Bant, NL; 213 oben, Garten: Anneke Meinhardt, Boekhoute, B; 215, Design: Verona Michael, Baesweiler, D, Garten: Christine & Hermann-Josef Heinen, Wegberg, D; 228 oben, Garten: „Kwekerij Bastin ", Linda & Roger Bastin, Aalbeek, NL; 229 unten, Garten: „De Sprenckhof ", Annemarie Priemis, Middelburg, NL; 250-251, Garten: „ 't Aerts Paradijs ", Evarist Aerts, Herselt, B; 253 oben, Design: Brigitte Röde, Köln, D, Garten: Ulrike & Siegbert Rosier,Dormagen-Zons, D; 256, Design: Alain Dor, Garten: Alain Dor, Hasselt, B; 258, Garten: Elisabeth & Arno Schaffrath, Gangelt, D; 262-263, Garten: „De Tuinen van Appeltern ", Appeltern, NL; 264, 336 oben, Garten: „ 't Verzonken Gazon ",Ronny & Els De Ketele-De Waele, Kruishoutem, B; 269, Design: Willy Reynders, Beringen, B, Garten: Privatgarten, Hasselt, B; 272, 288 unten, Design: Leen J. Goedegebuure, Garten: „Kijktuinen Nunspeet ", Leen J. Goedegebuure, Nunspeet, NL; 289 unten, Garten: „Kexby House " Herbert & Jenny Whitton, Gainsborough, GB; 290-291, Design: Norbert Hensen, Garten: „Ziergräer Hensen ", Norbert Hensen, Linnich-Boslar, D; 294 oben, Design: Frank Thuyls, Garten: „Tuinzondernaam " Frank Thuyls, Liessel, NL; 294 unten, 373 oben, Garten: „De Uylenbergh ", Lia & Rien Brouwers-Bakx, Hoogerheide, NL; 295 oben, Design: Katrien Vandierendonck, Garten: Katrien Vandierendonck, Damme-Sijsele, B; 295 unten, Design: Maurice Vergotel, Garten: „De Tuin van Maurice ", Maurice Vergote, Oostkamp, B; 306 unten, Design: Klaas Noordhuis, Garten: „Landhuis Oosterhouw ",Klaas Noordhuis, Leens, NL; 311 oben, Design: Brigitte Röde, Köln, D, Garten: Karin Sebastian & Ferdinand Weissenbornl, Köln, B; 313, Design: Ghris Ghyselen, Oedelem, B, Garten: „Krompoelhof ",Eveline & Jean-Pierre Joos-Cambier, Aalter-Bellem, B; 314, Design: Chris Ghyselen, Oedelem, B, Garten: Privargarten, B; 327, Garten: „ 't Mesenhof ", Marion & Eddy Vermeesen, Bergeijk, NL; 330, Design: Michael Busemann, Garten: „TERRA Modellgaerten ", Michael Busemann, Moenchengladbach, D; 352, Garten: Lyd Gunning, Bemelen, NL; 354 unten, Garten: „De Hof van Smeenge ", Lammy Smeenge-Enting, Tollebeek, NL; 358 oben, Design: Dina Deferme, Stokrooie, B, Garten: „De Horne ", Riet & Jean Vanormelingen-Sweelssen, Heers-Vechmaal, B; 358 unten, Design: Mineke Kurpershoek, NL, Garten: „De Meente ", Ada Hage, Zwolle, NL; 359 oben, Garten: „Park der Gärten ", Bad Zwischenahn, D; 368 oben, Design: Dina Deferme, Stokrooie, B, Garten: „Op een Berg ", Corry Broekx, Bree, B; 370-371, Design: Dina Deferme, Garten: Dina Deferme, Stokrooie, B; 380 mitte, 380 unten, Garten: „Fancrever Höke ", Jeanny & Jef Notermans, IJzeren, NL;

Mandy Uhlemann: 4 (Lars Weigelt)

Shutterstock: (Umschlag) Piktogramme

图书在版编目（CIP）数据

花园设计：理念、灵感与框架的结合 /（德）魏格尔特著；谭琳译．—南京：译林出版社，2016.1

ISBN 978-7-5447-5751-5

Ⅰ．①花… Ⅱ．①魏… ②谭… Ⅲ．①花园－园林设计 Ⅳ．①TU986.2

中国版本图书馆 CIP 数据核字（2015）第 213156 号

Gartengestaltung！ Das grüne von GU by Lars Weigelt
ISBN 978-3-8338-2801-0，© 2012
By GRÄFE UND UNZER VERLAG GmbH München
Chinese translation (simplified characters) copyright：
© 2016 by Phoenix-Power Cultural Development Co.，Ltd
through Bardon-Chinese Media Agency.

著作权合同登记号　图字：10-2015-454 号

书　　名　花园设计：理念、灵感与框架的结合
作　　者　〔德国〕拉尔斯·魏格尔特
译　　者　谭　琳
责任编辑　陆元昶
特约编辑　韩若宜
原文出版　GRÄFE UND UNZER VERLAG GmbH München
出版发行　凤凰出版传媒股份有限公司
　　　　　　译林出版社
出版社地址　南京市湖南路 1 号 A 楼，邮编：210009
电子信箱　yilin@yilin.com
出版社网址　http：//www.yilin.com
印　　刷　北京京都六环印刷厂
开　　本　889×1194 毫米　1/16
印　　张　24.5
字　　数　150 千字
版　　次　2016 年 1 月第 1 版　2016 年 1 月第 1 次印刷
书　　号　ISBN 978-7-5447-5751-5
定　　价　248.00 元